難道他非死不可

劉育志 & 白映俞 著

令人著迷的醫學知識故事

現代福爾摩斯
解密死亡醫學

推薦序

這是個多麼美好的世界啊

洪惠風醫師

能比一般讀者早一步看到劉育志與白映俞兩位醫師的新書，非常榮幸，也非常高興，還產生了小小的優越感，因為能比從書局購買更早一步先睹為快，只是看完了之後，推薦序卻遲遲無法下筆，不知如何表達自己澎湃的思緒。

從醫學會開車回家的路上，聽到了路易阿姆斯壯痰音十足的歌聲，突然我了解了這本書給我的感受

我看到了翠綠的樹木，鮮紅的玫瑰

為著你我而綻放

我心中不禁想著

這是個多麼美好的世界啊
我看到了藍色的天空，白色的雲朵
光亮被祝福的白天，黑暗又神聖的夜晚
我心中不禁想著
這是個多麼美好的世界啊

這本書的主題是死亡，或許有些恐怖，但是賈伯斯說過「死亡是人生最好的發明」，「要把每一天都當成生命中的最後一天」。當我們想到了死亡，生命的意義就會浮現了出來，要是人真的長生不老，當春天的櫻花，秋天的楓葉都永不消失時，我們還會那麼珍惜每天的生命嗎？

我在新光醫院時，守了加護病房十三年，當醫護人員照顧重症久了，看盡不同人的人生最後一段，看到窮的富的，美的醜的，最後的結局都一樣時，都會變得有些哲學，對於哪些是人生最重要事物，也會有些不同的體會。

對於不常接觸生老病死，不是醫療這個行業的讀者來說，「閱讀」是體驗人生最好的方式。本書前半段說了十六個名人的死亡故事，讓我們認識了十六種不同的疾病，用的筆法對我來說非常的親切熟悉，作者用非常冷靜客觀、醫院「臨床病理討論會」的敘事方式，先是病史，接著病程，再來是病理解剖，最後分析討論，最後又加上二十一世紀醫學的穿越檢討，十分有趣。本書後半節呢，又說了十六個讓人想像不到，有關死亡的趣事。

在閱讀這本書時，有時我會把自己化身為血流不止的英國王子，感嘆生命的短促，有時又會變成漸凍人賈里格，感懷生命的殘酷，有時又成了賈伯斯，有著時不我與的哀愁。把書本闔了起來，突然間，就感覺到了陽光空氣的美好，會想貪惜每一分每一秒的時間，愛戀起路易阿姆斯壯「這是個多麼美好的世界啊」這首歌了。

我是從書中認識劉育志醫師的，後來在心臟醫學會年會，安排人文題目時，有幸邀請到劉醫師演講，才在演講場地第一次見到劉醫師本人。他跟臉書上倒戴紅色棒球帽的造型大不相同，初見還沒認出來，兩人寒暄之後，只覺得或許是有些生疏吧，劉醫師看起來有點嚴肅，可是當演講一開始，就發現人如其文，他跟書中給我的感覺一模一樣，一個笑話接著一個，一則典故串著一則，全場笑聲不斷，讓人印象深刻，永遠也忘不了這場演講。有時我會覺得不公平，我的醫學史也看了不少了，可是說起故事來，怎麼就沒有他口中那麼的深入有趣呢？至於白映俞醫師，則始終緣鏗一面，但從《小女子的專長是開膛》書中，覺得她好像就工作在我的醫院中，當時還不知道他們是一對神仙眷屬！

醫療史，一直都是不好寫的內容，就跟小時候上歷史課一樣，有的老師上起來平淡無奇，只剩下了地點、時間跟事件名稱，但也有的老師上起來趣味橫生，讓學生欲罷不能。劉醫師、白醫師兩位，說故事的能力一流，閱讀這本書時，給我的感受，是好像又回到了那個有趣歷史老師的課堂，完全不想下課。

自序

死亡對大多數人來說相當陌生，彷彿遙不可及的意象。電影裡中彈的人往往會很快斃命，至於書裡談到的暗殺情節也幾乎都用「中彈身亡」幾個字簡單帶過，然而真實世界的死亡通常會複雜許多。

多年臨床工作中難免會目睹死亡，在見過各式各樣的創傷、疾病之後，我們也開始對那些曾經撼動世界的死亡充滿好奇。究竟他是怎麼死的？凶手是子彈？是出血？是細菌？還是另有原因？

我們試著穿越時空追蹤死神的足跡，並瞧瞧當時的人們為了挽救生命做了哪些努力，或許弄巧成拙，或許誤打誤撞，又或許徒勞無功。當然我們也試著解答，假使他們生在二十一世紀，被送到設備齊全的急診室，有沒有機會扭轉情勢。

生命是道深不可測的謎，在某些時候比我們想像的更有韌性，但有時卻又無比脆弱。不過也因為難以捉摸，才讓生命的故事總是充滿魅力。

目次

第二部：死亡知多少

第一部：死亡現場

第1章
撼動歷史的子彈——腦袋一槍斃命的林肯

「擋住他！」福特戲院二樓包廂中冒出一位男士血跡斑斑的身影激動地大喊，同時還伴隨著女士的尖叫。正被劇情逗得哄堂大笑的觀眾們猛然驚覺：「林肯總統出事了！」

恐慌在瞬間籠罩整個劇院，多數人倉皇失措地向四面八方散去，卻也有人被嚇壞了，愣在座位上動彈不得。一名六星期前才剛從醫學院畢業，年僅二十三歲的軍醫里爾（Charles Augustus Leale, 1842-1932）站起身來，快速向總統包廂衝刺。這天是一八六五年四月十四日。

死亡現場

距離白宮大約六條街的福特戲院，當天上演的是齣頗受歡迎的英國劇《我們的美國表哥》（*Our American Cousin*），能夠容納一千七百人的戲院被擠得水洩不通。晚上八點半，林肯夫婦抵達二樓包廂時，全體觀眾爆出熱烈掌聲，舞台上的演員停下腳步，樂隊也奏起了進行曲《向統帥致敬》（*Hail to the Chief*）。曲畢，面頰削瘦的林肯向觀眾點頭致意，然後坐下來欣賞表演。

不同於戲院內大部分的觀眾，里爾是專程來戲院等待林肯總統的。數天前里爾被軍醫新生活搞得心浮氣躁，於是偷個空到街上走走透透氣，見人群正朝著白宮方向移動，里爾亦踱步前往，因而聽到了林肯總統的公開演說。即使僅從遠方遙望，里爾依舊折服於林肯總統演講時透露出的氣度，因此在得知林肯總統將於四月十四日至福特戲院看表演時，里爾馬上排除萬難，買張票坐在總統包廂下方，想要近距離觀察林肯。只是里爾萬萬沒想到，專程為林肯總統而來的還另有他人——刺客布斯（John Wilkes Booth, 1838-1865）。

布斯於晚上九點半抵達福特戲院，他先走到酒吧小酌，然後在十點十分進入劇場。身為演員，布斯非常明白當男主角說出某句台詞時，觀眾會照例爆出大笑，那正是掩蓋槍響的最佳時機。布斯自在地走向總統包廂，雖然有人見到他，但都以為布斯與林肯有私交，沒什麼好奇怪的，使布斯如入無人之境，從容地從林肯右側接近。十點十五分，在預期的爆笑聲中布斯以點四四手槍朝著林肯頭部開槍。包廂裡的拉思伯恩少校一躍起身衝向持槍的刺客，布斯則取出預藏的匕首猛砍，暫時逼退拉思伯恩後便躍出包廂。

血泊中的總統

當總統包廂冒出藍色煙霧時，觀眾原本以為是劇組安排的特殊效果。不過，凶手布斯隨即從二樓包廂一躍而下，由於不慎扯到旁邊的旗幟，使他狼狽地落在舞台上，左腳明顯拐了一下。布斯對著吃驚的觀眾大喊：「這就是暴君的下場！[1]」然後便轉身逃跑，消失在舞台另一側。

里爾在槍響後約四分鐘就抵達了總統包廂，當然這時凶手布斯早已逃逸無蹤。里爾表明身分後替他打開包廂廂門的是個男人，男人上臂有道明顯的刀傷，鮮血正如泉水般湧出。里爾沒理會出血中的男人，直接趨近被林肯夫人扶著、倒臥在椅子上的林肯總統。

里爾先幫助夫人將林肯總統擺到地上。因為先看到有刀傷的男人，里爾猜想總統可能是被匕首殺傷，於是伸手解開林肯血淋淋的襯衫，卻探不到傷口，因而繼續沿著頸部、頭部向上摸索，終於找到了林肯總統頭部的子彈孔。此刻，里爾才明瞭，林肯總統頭部中彈。

里爾立刻將手指頭放在林肯總統的右側橈動脈上，卻感覺不到任何動脈跳動。里爾把手摸回林肯頭部，將卡在頭部彈孔的血塊清理一番，試圖減輕因出血而上升的顱內壓，卻完全見不到甦醒的跡象。於是里爾雙膝分別跪在林肯骨盆兩側，正對著總統，傾身向前打開林肯的嘴，用右手的兩隻指頭將癱瘓無力的舌頭往下往外壓，希望打開林肯的咽喉部。接下來，里爾請另外兩人分別捉

1 莎士比亞劇作中布魯特斯刺殺凱撒時說的台詞。

住林肯的手臂，反覆、規律地向兩側伸展手臂，幫助胸腔擴張，讓空氣能夠進出肺臟。里爾自己則是用手有力地按壓胸壁，以刺激心臟恢復跳動。在反覆施行這些急救動作後，里爾發現林肯的心臟似乎有了虛弱的回應，亦開始出現不規則的呼吸。

這些看似粗暴的急救動作讓一旁的林肯夫人驚恐不已，林肯夫人語無倫次地尖叫：「喔！醫師！他死了嗎？他會活嗎？」

即使這時林肯稍稍回復了生命跡象，里爾仍舊老實地回答林肯夫人：「他受的是致命傷，我想可能不會活了。」

里爾這番話很快就隨著快報編派，傳遍了美國各地。

當時在戲院裡還有幾位外科醫師，很快也都趕了過來。里爾與其他醫師們都認為，林肯需要後送到更合適的地方治療。然而，白宮距離戲院約有六條街，運送過程肯定很顛簸，林肯應該撐不過去。因此醫師們決定將林肯護送至對街的小旅店內繼續救治。幾個人七手八腳地扛著林肯離開戲院，里爾醫師則是一路扶著不斷出血的頭部。

林肯的身形高䠷，有六呎四吋（大約是一百九十三公分），普通的小床根本容不下他，醫師僅能將癱瘓無意識的林肯斜斜地擺在床上，約是臨時病床的對角線。里爾發現林肯下肢冰冷，便請人送來熱水和熱毛毯，並嘗試用芥末膏和溫水刺激血液循環。消息傳開之後，愈來愈多的醫師及政府人員趕了過來，其中包括林肯的私人醫師，於是里爾醫師將治療決定權交還給他。

醫師們重新視察林肯，確定除了頭部槍傷外，並沒有其他的外傷。

槍擊發生大約四十幾分鐘後，林肯的右眼愈來愈凸，瞳孔放大，脈搏每分鐘四十四下，右臉頰皮下有血腫，左臉肌肉在抽搐。醫師們認為有必要了解子彈射入腦袋的路徑與停留的位置，於是里爾與另一位醫師開始利用軟管與手指頭深入腦部探查，過程中偶爾會碰到類似碎骨頭的異物。最後他們雖然有感覺到子彈的位置，但無法將它取出。醫師們僅能於傷口處擺放銀製探針，並間歇性地清除血塊。

負責在屋內指揮的是美國戰爭部長愛德溫．史坦頓，他先對著哭泣失控的林肯夫人大叫：「把那個女人拖出去！不要讓她再進到房間裡。」接著就坐在房間後方接發電報，收集暗殺時的事證，準備緝捕凶手。

醫師們在乎的自然還是傷患。當時的林肯還有呼吸，聽起來像打鼾一般，速度大約是每分鐘二十四下。到了午夜，林肯的脈搏大約每分鐘四十到六十四下，但在凌晨一點時心跳突然加速高達每分鐘一百下，不過很快地又變慢，脈搏也愈來愈微弱。醫師們繼續間歇性地清除血塊，以降低腦壓。然而林肯的呼吸和心跳愈來愈差，到了上午六點四十分之後已經摸不到規則的脈搏，且久久才吐出一口氣。終於，林肯在一八六五年四月十五日早上七點二十分死亡。

里爾醫師幾乎整個晚上都握著林肯的手，他說：「有時候人會在快離世之際回復一些知覺，所以我要緊握著他的手，就算總統可能已經看不到了，我還是要透過手的力量讓他知道，他是有朋友的。」

誰想得到，原本打算前往戲院遠遠仰望林肯總統的里爾醫師，竟然參與了林肯生命的終了，照顧自己的偶像直到最後。

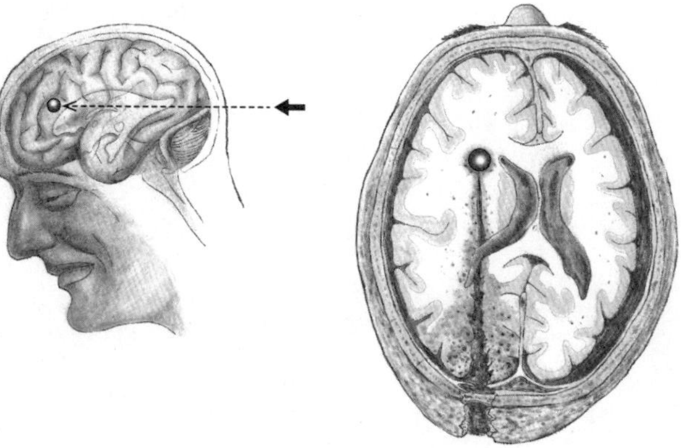

射殺林肯的子彈路徑

死亡解剖室

林肯總統死後五小時，醫師們就在白宮解剖。悲慟欲絕的林肯夫人要求醫師留下一束林肯頭髮給她做紀念。解剖結果顯示子彈從距離中線一英吋偏左側的後腦勺（枕腦）位置射入並貫穿大腦。林肯左邊大腦受到嚴重的損害，側腦室及硬腦膜下腔皆有出血。

一位醫師在寫給母親的書信中留下這段記錄：

> 解剖的房間裡有張又大又重的床鋪、一兩張沙發、辦公桌、衣櫥和椅

子。旁邊坐了一些人，四周靜悄悄的，偶爾會出現幾句低聲交談。

房間另一頭是具以布單覆蓋、冰冷、一動也不動的身體，幾個小時以前，他是偉大國家的靈魂人物。

當我抵達時，外科主任正來回踱步。他簡單說明了事發經過，並說總統展現出生命最強韌的一面。

我們打開林肯總統的頭蓋骨研究子彈的路徑。當我將整個大腦取出來的時候，子彈從我的指間滑落，掉進下方的盆子裡，清脆的聲響打破了房間裡的沉默。白色的瓷盆裡是顆黝黑、小而不起眼的子彈，它卻改變了世界的歷史。

……用水小心沖洗時，我看著這團灰白相間的東西，完全無法理解它是如何運作，在昨天以前裡頭可是蘊藏了這個國家的希望。我體驗到前所未有的憾動。

從這段文字，我們可以感受到這起事件帶給人們相當強烈的衝擊。

接下來讓我們想想看，倘若這起槍擊事件發生在二十一世紀，醫師們有沒有機會挽回林肯的性命？

難道他非死不可？

在一百多年後，讓我們來回顧第一位衝到包廂救治林肯的里爾醫師做的處置。里爾醫師檢視傷口的同時，也評估患者的呼吸道（Airway）、呼吸（Breathing）和血液循環（Circulation），亦即現代醫師常掛在嘴邊的ABC，並開始心肺復甦術。另外，里爾醫師了解若是血塊停留在大腦，就會讓顱內壓升高，一旦顱內壓力升高，就會影響病人心跳和呼吸，因此著手清理血塊。這些處理步驟基本上非常接近現代醫療所能提供的初級處置，里爾醫師亦藉著這些做法，成功讓摸不到脈搏的林肯回復心跳及呼吸。

那需不需要當場緊急插管再轉送醫院呢？我們可以看到，林肯受傷之後就面臨了顱內出血及顱內壓升高所造成的問題。理論上來說，即時插管、運送足量氧氣至腦傷病人大腦非常重要，否則缺氧和低血壓會惡性循環，病人死亡率將大幅增加。不過後來的研究證實，於事發現場緊急插管，經常因為器械、光源、人員配合不足而帶來更多危害，所以目前仍是建議先使用氧氣面罩，將病人運送至創傷中心後再進行插管，會有較好的結果。

在林肯中彈之後，醫師們多次將軟管深入林肯的腦袋以了解彈道。伸入軟管進腦部探查會不會破壞更多腦部組織呢？這是非常合理的推測，不過當時醫學上仍然沒有任何影像檢查的工具，連X光都還沒有問世，伸入軟管可說是唯一的方法。除此之外，一再伸入軟管清理血塊其實會造成嚴重的細菌感染。不過，我們並不能批評當時的做法。要曉得，一八六五年正好是英國李斯特首度提倡消毒滅菌的第一年。而整個醫學界大約要到一八八〇年代以後，才廣泛接受消毒滅菌的觀念！

當時里爾醫師等人嘗試排出血塊，以降低林肯的腦壓，此舉雖然有助於腦壓，卻伴隨另一個致命的威脅。由於腦部血流供應十分良好，若無法止血，失血量將非常可觀。事實上林肯躺的床單早就是一片血紅，連地板上都有一大灘血。所以林肯不僅會死於腦傷，亦會因大量失血而死。

現代醫學行不行？

若遭到槍擊的林肯被送到今日的創傷中心，醫師應該會在第一時間完成緊急插管，給與充足的氧氣，同時間護理人員會抽血，以判讀血液中的氧氣濃度、二氧化碳濃度和血紅素數值。接著醫師會趕緊將病人送至電腦斷層室評估腦傷，並決定後續開刀方式。最好能在最短時間內送進開刀房，由神經外科醫師接手處理。

在送往開刀房前，有沒有什麼方式能夠緊急降低患者的腦壓呢？過去的理論認為，加快呼吸速度能夠排出較多二氧化碳，減少腦部腫脹的程度。但是，近年來的研究發現，針對嚴重腦傷的患者，加快呼吸速度並無法有效改善預後。因為此舉在減少顱內壓的同時，也減少了流進到腦部的血流，腦部缺氧的情況會更嚴重。因此，加快呼吸僅適用於病況危急，患者已經瞳孔放大、腦部脫疝時才使用。

根據驗屍報告，林肯有硬腦膜下腔出血，目前最恰當的處理方式是緊急開顱，移除硬腦膜下腔的血塊，並對子彈穿過的路徑進行清創且盡量止血，最後置放引流管，同時監測腦壓。

手術結束後，患者會住進加護病房，準備面對各種複雜的併發症，諸如感染、癲癇、出血，甚至可能需要再次手術。

不過平心而論，無論現代醫療如何先進，醫師如何積極，急救如何快速，其實在受傷的那一刻便已經決定了命運。由於被子彈貫穿時，大腦即受到嚴重破壞，注定留下許多神經學後遺症。現代的林肯若僥倖撿回一條命，亦很可能處在植物人狀態，反覆徘徊在鬼門關前；就算恢復意識，仍將面臨肢體無力、單側偏盲，還會有識字困難、無法表達等言語障礙，因為左側大腦和語言功能有極大的關係。諸多後遺症與挫折常讓意外存活的病人發現，「生存」永遠才是最殘酷的事情。

生命與政治總教人難以捉摸，也都是同樣無情、同樣無常。

型男殺手

槍手布斯出生於演員世家，才二十五歲便已經小有名氣。身高一百七十三公分的布斯個頭雖然不算高，但黑色捲髮與運動員般的肌肉線條讓他大受歡迎，報紙評論對他的演技讚不絕口，更將布斯封為「美國最帥的男人」和「天才演員」。

南北戰爭爆發後，布斯支持南方奴隸制度也多次於公開場合表明自己的政治立場，甚至說出「我希望總統與整個該死的政府都下地獄」，並曾以叛國罪逮捕，後來繳了不少罰金才獲釋。

布斯暗中主持了一個四人小組企圖綁架林肯總統來交換戰俘。一八六五年一月到三月間，布斯總共策畫了兩次綁架行動，但是林肯都沒有如預期現身。這時南北戰爭已經接近尾聲，南方處於劣勢，不過布斯依舊信心滿滿，希望轟轟烈烈地幹一票。

有天，布斯來到福特戲院，他在那兒有個信箱，經常會到戲院取信。在與老闆閒聊時意外得知，林肯和聯邦軍隊總司令格蘭特將軍將會在當晚到此處看戲。由於布斯曾經多次在福特戲院表演，對環境非常熟悉又能自由進出不受監控，正是暗殺林肯的好時機。

回到旅社後，布斯開始分派工作，計畫在晚上十點左右同時刺殺副總統與國務卿。布斯心想，若能一口氣處理掉總統、副總統、國務卿和聯邦軍隊總司令，肯定能讓北方陣營元氣大傷，南方邦聯就有機會扭轉局勢。

可是被指派去刺殺副總統安德魯．詹森的夥伴艾澤羅特（George Atzerodt）卻說：「大哥，不是這樣的。我只想綁架，不要殺人。」

布斯看著夥伴，冷冷地拋下一句：「就是今天，你現在才想退出，恐怕太晚了。」

夥伴沒辦法只好乖乖出發前往副總統留宿的旅社，不過終究下不了手，沒有實際行動。

另一位被派去刺殺國務卿的夥伴包威爾（Lewis Powell）就認真多了。當時美國國務卿威廉．亨利．西華德因在馬車事故中受傷而臥床休養，刺客假裝送來醫師囑咐的藥物，藉機進入國務卿房內，總共殺傷了國務卿及其兒子等一共五人，所幸皆沒有生命危險。

槍手末路

成功擊中林肯後，布斯跳上預先準備好的馬匹，雙腳一夾揚長離去。與同伴會合後，布斯的左腳疼得很厲害，不得已只好改變逃亡計畫，變裝來到穆德醫師（Samuel Mudd）的家裡。穆德醫師認為布斯的左腓骨應該斷掉了，於是替他剪開靴子，並加以固定，還讓布斯留下來休息了一段時間再繼續逃亡。聽聞林肯死訊時，布斯在日記寫下：「我們國家的紛紛擾擾都因林肯而起，上帝選擇我來處罰他。」

為了緝捕凶手，美國政府提供的懸賞獎金越來越高，全城風聲鶴唳，於是布斯輾轉來到維吉尼亞州躲了將近兩星期。許多民眾生氣地拿出布斯的照片洩憤，有人將其撕成碎片，有人則放火燒了那張「最帥男人」的臉。雖然堅信自己是替天行道的英雄，不過逃亡的布斯卻發現刺殺行動沒能引發共鳴，幾乎所有報紙社論都一面倒地譴責布斯讓美國陷入混亂。更令布斯傷心的消息是南方軍隊陸續投降，扭轉戰局的希望徹底落空。

逃得了一時，逃不了一世，布斯的黨羽接連落網。到了四月二十六日，武裝部隊抵達布斯躲藏的農場，根據戰爭部長的命令，隊長下令要活捉布斯，可是躲在菸草倉庫裡的布斯當然不願意乖乖地束手就擒，還準備決一死戰。

最後騎兵隊決定採用火攻把布斯逼出來。當倉庫陷入火海，大家終於見到了布斯的身影，不料騎兵科貝特卻在此時開槍擊中布斯。頸部被子彈貫穿的布斯頓時無法動彈，軟倒在地。

大家七手八腳地將布斯拖出火場，移到農場主屋的前廊救治，布斯逐漸陷入紊亂，並在兩、三個小時後死亡。死前他喃喃囈語：「告訴我媽，我為國家而死……」或許是發現自己失去了對四肢的控制，布斯看著自己的手說：「沒用了……沒用了……」負責解剖布斯的醫師說，子彈打穿頸部截斷了第四和第五節頸椎間的脊椎神經，造成布斯的癱瘓與死亡。

救治逃犯的醫生是否有罪？

布斯死了，與他相關的八個人紛紛被起訴，由九名軍官組成的軍事法庭經過七周的審判，最終有四個人判處絞刑，三個人被判處無期徒刑，其中一位是替布斯包紮固定的穆德醫師，他以一票之差與死刑擦身而過。至於福特戲院的工作人員因為替布斯看管馬匹，被判八年徒刑。

許多人爭論替逃犯固定傷肢究竟有沒有罪。社會大眾普遍認為穆德醫師是無辜的，他的孫子在二十世紀時仍四處請願，試圖替祖父洗刷罪名，連卡特總統及雷根總統都曾經表示，他們願意相信穆德醫師的清白，只是沒什麼權力讓歷史翻案。然而，有些歷史學家並不認同，他們認為穆德醫師與布斯是舊識，甚至還曾經在布斯安排的綁架案中參上一腳。

無論如何，穆德醫師後來的命運實在非常特別。在他入監服刑時，黃熱病肆虐，嚴重到連獄醫都不幸過世。於是穆德又從犯人身分轉換為醫師模式，接手獄醫的工作，救治許多病患，爾後在一八六九年獲得特赦。返家的穆德依舊熱衷政治，還曾出馬競選呢。

第2章
槍擊、腹痛、敗血症——死於感染的賈菲德

死亡現場

一八八一年七月二日，就任才幾個月的美國總統賈菲德（James Garfield, 1831-1881）準備搭火車前往母校發表演說，剛走進車站沒多久，賈菲德背後忽然爆出槍響。

凶手在很近的距離內連開兩槍，一顆子彈擦過賈菲德的手臂表面，沒造成什麼傷害，另一顆子彈則由腰線上方打進右後背，賈菲德總統不支倒地。

現場一片混亂，賈菲德喃喃地說：「我死了，我死了，我死了。」

有位醫師在槍響後四分鐘抵達現場，看見賈菲德總統正在嘔吐，整個人相當蒼白接近暈倒邊緣，而其背後正流出暗紅色的血液。醫師連忙問：「總統先

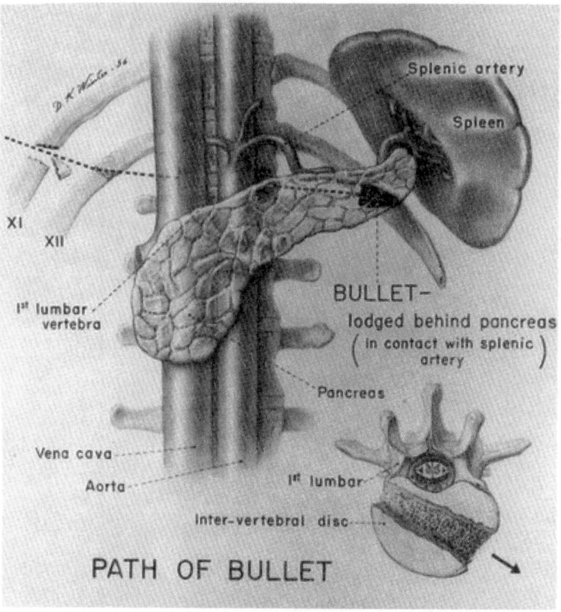

賈菲德的槍擊彈道

Garfield: Path of the Bullet (NCP 001860), National Museum of Health and Medicine

生，你傷得很重嗎？」

賈菲德虛弱地回答：「恐怕是的。」

醫師立刻檢查賈菲德的脈搏，發現心跳很快，大約每分鐘一百二十下，而且全身冒汗，喘得很厲害，似乎快要嚥下最後一口氣。

醫師拿出隨身攜帶的阿摩尼亞，用氨氣的強烈氣味刺激賈菲德，希望讓他保持清醒。這個古老招數確實起了點作用，賈菲德睜開眼睛，說自己的右腳好痛。

醫師掀開賈菲德的衣服檢查傷勢，彈孔位在脊椎右側四英吋，大約第十一根肋骨的地方，傷口呈卵圓形。醫師看了看，就直接將自己的小指頭伸進傷口內探查。繞了一圈後，醫師認為子彈應該停在肝臟裡頭，不需要更進一步處理。遭到槍擊四十分鐘後，賈菲德就被送回白宮。

賈菲德躺在床上，脈搏依然微弱，心跳很快，呼吸也很喘，四肢摸起來都是濕濕冷冷。賈菲德不斷抱怨右腳很痛，但醫師並不甚在意腳痛，而是將焦點放在從彈孔不斷滲出的暗紅色血液。

戰場是最常出現槍傷的地方，於是賈菲德的幕僚連忙找來軍醫的第一把交椅。當時醫療團隊的成員大概都有處理槍傷的經驗，身為軍醫之首的醫師甚至誇口說：「如果我救不了總統，那就沒人救得了他。」

醫師用嗎啡替一直喊痛的賈菲德止痛。過了好一會兒，賈菲德總統終於稍微鎮靜，願意喝點水或牛奶。可惜，喝下飲品後賈菲德每過半個小時就吐一次，當然也就沒了食慾。

幾個小時後，醫師們再度用手指探查賈菲德的傷口，他們相信子彈已經穿過肝臟，停留在腹腔。接下來的兩天內，賈菲德又陸續接受了七位醫師的檢查，分別用指頭或探針探查傷口，希望能確定子彈的位置。這種探針的前端為陶瓷材質，可以用來分辨硬物的特性。醫師如果感覺碰到異物時會將探針取出，倘若探針呈現白色就代表是碰到骨頭，假使探針變成黑色，那應該就是碰到鉛做的子彈。然而，無論使用指頭或探針，沒有人能說清楚子彈的確切位置。為什麼不去照 X 光呢？因為 X 光尚未問世。

賈菲德的傷口仍會不時地滲出血水，讓醫師很擔心內出血的狀況。不過，擔心歸擔心，檢視過賈菲德的每位醫師都同意，保守治療和觀察是最正確的選擇，畢竟，沒有人曉得開刀進肚子後要怎麼找到那顆子彈，又該如何修補子彈對內臟造成的傷害。

漫長的煎熬

接下來的兩個星期，賈菲德的狀況似乎有了些許起色，看來腸胃道應該沒有受損。賈菲德不停地抱怨腿和會陰部很痛，但是由於大家相信子彈從後背進到腹腔，所以一直將重點放在總統的肚子。

中彈三個星期後，賈菲德又開始嘔吐、畏寒、發高燒到攝氏四十度。醫師替賈菲德清洗傷口，並放置引流管。

中彈一個多月後，賈菲德的腮腺開始發炎，臉腫了一倍，外耳及嘴巴開始流出分泌物。另外賈菲德的手臂多了好幾個膿包，全身上下都出現細菌感染。

賈菲德愈來愈虛弱，病懨懨地倒在床上，因為使用嗎啡止痛使他經常噁心嘔吐。原本賈菲德還能從嘴巴進食，但在腮腺發炎腫大後，一吞嚥就會痛得半死，於是醫師只好讓賈菲德喝雞湯加蛋白，再藉著「灌腸」來補充營養。每四個小時，醫師就會準備牛肉、鴉片以及威士忌的混合物從肛門灌進去，希望替賈菲德補充體力。

賈菲德總統在病痛糾纏下逐漸衰弱，中彈後三星期量體重還有九十五公斤重，但在中彈七個星期之後，賈菲德總統的體重已經剩下不到六十公斤。

最後這段日子，賈菲德幾乎都是臥床，醫療團隊禁止他接見外人，連分配給總統夫人及孩子的探視時間都相當短暫。那時正值炎炎夏日，醫療團隊搬來巨大的風扇與冰塊，希望降低房間溫度，不過昏昏沉沉的賈菲德其實已經沒什麼力氣抱怨了。賈菲德的營養狀況極差，身上的化膿傷口不斷增加，完全無法抵抗細菌的攻擊。

到了九月中旬，賈菲德狀況進一步惡化，痰變得又濃又髒，背上陸續冒出不少膿包。偶爾他會出現幻覺，喊叫著不存在的人、事、物。賈菲德有過幾次間歇性胸痛，在一八八一年九月十九號晚間感到嚴重胸痛，隨後便陷入昏迷，終於結束長達八十多天的折磨。

死亡解剖室

醫師在賈菲德死後十八個小時解剖[1]。飽受摧殘的賈菲德皮膚上有許多化膿囊腫、褥瘡，發炎的腮腺也還在流膿。大家最關心的子彈究竟藏身何處？一開始大家預期會在腹腔裡找到子彈，結果一無所獲。原來這顆子彈從右後背射入，打斷第十一根肋骨，接著向左下側跑，打穿第一節腰椎，最後停在胰臟下方，根本沒有進到腹腔也沒有傷到重要臟器，而且子彈周遭組織已經開始癒合，且無感染的跡象。換句話說，這顆子彈並不致命。問題來了，既然子彈造成的傷害有限，那賈菲德的死因到底是什麼？

難道他非死不可？

有些歷史學家主張，賈菲德根本是被醫生害死的！因為在過去，大家對於肉眼看不到的微生物了解不深，消毒滅菌仍是尚未普及的新觀念，醫師經常穿著沾滿膿瘍及血漬的西裝替患者檢查、開刀、接生。如今被我們視為理所當然的消毒滅菌，是一八六〇年代由英國的李斯特（Joseph Lister, 1827-1912）醫師提出，他建議醫師們用石炭酸水洗手、消毒器械、清潔傷口以避免感染[2]。

這一派歷史學家認為，醫師使用未經滅菌消毒的器械及手指反覆在傷口探查，並挖出通往骨盆腔的錯誤路徑，才是讓賈菲德死於毀滅性全身感染的主因。

然而根據賈菲德的病歷記載[3]，當時照顧賈菲德的醫師們已經遵循李斯特的方法，每天以石炭酸水換藥，並藉著引流管沖洗傷口深處。驗屍報告亦顯示傷口裡幾乎沒有什麼膿瘍[4]，所以，這恐怕不是導致敗血症的主因。

讓賈菲德出現嚴重敗血症的應該是腹腔裡的一大包膿瘍。這包膿瘍介於肝

---

1 Verdict of the surgeons: the autopsy on the remains of President Garfield. New York Times; October 2, 1881:1–1.

2 參閱《玩命手術刀：外科史上的黑色幽默》，劉育志、白映俞著，商業周刊出版。

3 Reyburn R. Clinical history of the case of President James Abram Garfield. JAMA 1894; XXII: 411–7; 460–4; 498–502; 545–9; 578–82;621–4; 664–9.

4 Verdict of the surgeons: the autopsy on the remains of President Garfield. New York Times; October 2, 1881:1–1.

臟下緣、橫結腸之間，寬達十五公分。剛剛有提到子彈完全沒有進到腹腔，而這包膿瘍與槍擊傷口間亦沒有交通，大家肯定很好奇，這堆膿瘍是從哪裡冒出來的。答案是嚴重的膽囊炎，因為膿瘍裡頭有許多黃綠色液體，代表賈菲德的膽囊嚴重發炎並穿孔，使膽汁流進了腹腔。

回顧賈菲德的病程記錄可以發現，中彈後的兩、三個禮拜，他的狀況有逐步好轉，不過之後開始出現腹痛、噁心、高燒等症狀，體重也迅速減輕，兵敗如山倒，這段時間很可能就是急性膽囊炎。當膽囊裡頭鬱積過多膽汁，增高的壓力將使膽囊壁血液循環受阻，組織缺血壞死後便會穿孔，流入腹腔的膽汁逐漸形成膿瘍。

為何人們沒有進一步探討這包膿瘍？因為當時大部分醫師對膽囊炎並不甚了解，也不存在有效的治療方法，許多急性膽囊炎發作的患者都是以死亡收場。

人類歷史上首次成功的膽囊切除術是在一八八二年由德國醫師蘭根巴赫完成，雖然效果不錯，卻要過了幾十年才被廣為接受[5]。至於創傷與膽囊炎之間的關聯，則是到了一九七〇年代才被救治越戰傷兵的軍醫注意到[6]。

另一個可能致命的問題是脾動脈破裂造成的大量內出血，他們發現賈菲德的脾動脈上有個一公分左右的破洞。這個破洞可能是由槍擊的碎片所造成，一開始當然有出血，不過因為後腹腔的組織比較扎實，於是在血塊形成之後便暫時止血。經過幾個禮拜後，血塊逐漸分解液化，使受損的脾動脈再次出血，這次出血進到了腹腔，量也比較大，對陷入嚴重敗血症奄奄一息的賈菲德可能是致命的一擊。

由於照顧賈菲德的醫師們全都誤判子彈位置，在解剖之後，自然會承受很多責難，直到多年之後仍有許多人將賈菲德的死歸咎於醫師，實在相當冤枉。

現代醫學行不行？

賈菲德這段曲折離奇的病程，正好可以讓我們見識到醫學在這一個世紀以

5 參閱《肚子裡的祕密》，劉育志、白映俞著，台灣商務出版。

6 Lindberg EF, Grinnan GL. Acalculous cholecystitis in Viet Nam casualties. Ann Surg 1970; 17:152–7.

來的轉變。近代醫學從十九世紀中葉開始快速發展，麻醉技術、消毒滅菌、X光、抗生素在幾十年間徹底改變了醫學的樣貌。

我們可以篤定地說，賈菲德如果在今天遭到槍擊，將有極高的存活率。電腦斷層掃描能在短短幾分鐘內顯示出高解析度切面，讓我們清楚辨識子彈的位置及所造成的傷害，方便擬定手術計畫。進到腹腔後，外科醫師能夠循著影像找到子彈且修補或結紮脾動脈。如果在住院過程中出現急性膽囊炎，醫師也可以用腹部超音波確診，然後給予抗生素治療，必要時也會插管引流膽汁，紓解鬱積的壓力以控制感染並避免膽囊穿孔。急性膽囊炎的死亡率已大幅降低。

術後無法進食的期間，醫師也可以靠靜脈輸液替患者補充水分及營養，不再需要從肛門灌入牛肉湯。

凶手的故事

最後，讓我們來看看凶手查理斯・吉透（Charles Julius Guiteau, 1841-1882）

的故事。

吉透曾經是位律師，不過因為經常激怒客戶和法庭而無法繼續經營律師事務所。吉透換了好多個工作，當過作家、演講者、出版商，還賣過保險。工作不順遂時，吉透就打老婆出氣，不堪長期家暴的妻子後來訴求離婚。

步入中年的吉透失去家庭，又欠下一屁股債，急需找個工作賺錢。那時候的美國沒有國家考試，若想找份公職，就是直接前往白宮找總統談工作，吉透便是這樣來到了華盛頓。

吉透夢想中的職位，是讓他放掉一切，前往海外擔任大使，最好是去法國巴黎。可是，吉透不但沒有成為夢寐以求的「駐法大使」，連其他的公職也沒能撿到。當債台高築的吉透得知最後一絲希望落了空，他決定要放手一搏，做掉賈菲德。

剛冒出這個念頭時，吉透其實很緊張，但他怎麼想都覺得上帝賦予他生命的目的，就是要他完成一件更大的事情。吉透認真禱告了兩個星期，直到他認為神已經應允他的請求，他說：「要我除掉總統的啟示很神聖，這個念頭在我腦海中不斷滋長，逼迫我去實踐，兩個星期內我都與神溝通，從未懷疑過這個念頭的神聖性。」

可是到這個階段，吉透還有個問題，那就是他壓根兒不曉得該如何開槍。吉透於是成為少數「為暗殺而學開槍」的新手。學會射擊後，他買了支外號「英國鬥牛犬」的大口徑手槍。

開槍擊倒賈菲德的吉透很快就被逮捕。由於曾經診視過吉透的醫師說，「這個人本來就瘋瘋的」，因此精神病患的刑責該如何認定，便在審判期間引發不少爭論。

擁有律師執照的吉透亦為自己辯護。吉透主張「是上帝要他去殺總統」，而且「他只有開槍而已，真正殺死總統是醫生」。

不管你覺得有沒有道理，吉透最終被判一級謀殺罪，於隔年六月三十日送上絞刑台。吉透死後同樣被解剖，結果顯示他的腦膜變厚，腦部可能遭到梅毒感染而有慢性發炎。事後看來，吉透的暗殺行動可能是因為第三期神經性梅毒所引發的妄想症。

被吉透直指為殺死總統的兇手，醫師們當然很難堪。爾後這起事件催生了「美國外科協會」，希望能夠提升醫療照護的水平。

求職失敗憤而行凶的舉動也讓政府開始檢討，公職人事任用不該是讓人民直接找總統談，應該要有所規範。美國國會於一八八三年通過潘德爾頓法案，規定必須通過國家考試才能進入政府部門工作，這項方法也沿用至今。

另外，這段時間有不少政治領袖遭到攻擊，包括俄羅斯國王、法國總統、奧地利女王、義大利國王都被刺殺，總統的安全維護逐漸受到重視，不過還要再出現一位受害者，秘勤局才開始負起保護總統的重任。

第3章
找不到子彈——腹部中彈的麥金利

死亡現場

一九〇一年九月六日，美國總統麥金利早上參觀了尼加拉瓜大瀑布，飽餐一頓後坐火車到紐約州水牛城，接著前往泛美博覽會。民眾只要花二十五美分買張門票，就能進入會場見識電燈、X光機、保溫箱等當代最新科技，還能與麥金利握手[1]。

麥金利於下午四點進入會場，大批群眾已經排好隊，等著與總統近距離接觸。體型碩大的麥金利面露微笑，一一與排隊民眾握手致意。麥金利的祕書曾經建議他減少公開行程以免遭到襲擊，不過麥金利總是一笑置之，絲毫不放在心上，直到槍聲在自己的面前響起。一名年輕男子用手帕裹住手槍，對著正伸出手的麥金利開了兩槍。

被槍聲驚嚇的眾人定睛一瞧，血已經染紅了麥金利的襯衫，頓時尖叫聲四起，現場一片混亂。麥金利雖然意識清醒，但是已經站不住腳，開槍的凶手很快就遭到憤怒群眾拳打腳踢。

由於泛美博覽會是當時很受重視的大型活動，為了以防萬一，會場本來就有救護車待命。麥金利受到槍擊八分鐘後，救護車便載著兩名醫學生前來。兩名醫學生認為，假使將麥金利送往附近最具規模的水牛城總醫院，至少要三十到四十五分鐘的車程，因此決定將麥金利送到博覽會醫院治療。

博覽會醫院是為泛美博覽會設立的臨時醫療照護中心，僅有二十幾張病床，設備沒有很齊全。負責博覽會醫院的外科醫師帕克（Roswell Park）相當資深，專精於腹部手術及外傷，但是麥金利受到槍擊時帕克正在外地動手術。所以雖然麥金利在受傷後十五分鐘便被送至博覽會醫院，醫院裡卻沒有人能夠

1 槍擊前一天九月五日，麥金利總統曾於泛美博覽會發表演説，此為麥金利總統最後一場公開演講。

處理。當時的護士非常幹練，他判斷麥金利需要手術，立刻開始準備手術房。

利用鏡子的反射開刀

不久後第一位外科醫師敏特抵達了，接著陸續來了五位外科醫師。醫師們替麥金利脫去外衣時，有顆子彈掉到地上，看起來是打到夾克鈕扣後彈開的子彈，僅造成右側胸膛第二及第三根肋骨之間的一點皮肉傷。但是第二發子彈扎扎實實地打進肚子，消失得無影無蹤。

外科醫師們先用消毒水清洗傷口，並請護士給了點嗎啡止痛。那接下來該怎麼辦呢？所有在場的醫師都同意麥金利需要手術，否則必死無疑，不過一百多年前的美國總統沒有空軍一號專機，福特T型車也還沒生產出來，大家最常使用的交通工具是馬車，為了把握時間，外科醫師們決定在簡陋的博覽會醫院內替麥金利動手術。

接下來的問題是，該由誰來擔任主刀醫師？專精外傷的帕克醫師還在外地，趕不上手術，第一位抵達的敏特醫師對外傷有研究，只是資歷較淺，最後總統身邊的人選擇了五十六歲的曼因醫師（Matthew Derbyshire Mann, 1844-1921）為主要決策者。外貌沉穩的曼因醫師是水牛城總醫院的婦產科主任，還擔任美國婦產科學會的主席，相當有聲望。可是專長婦產科的曼因醫師對上腹部手術並不熟悉，而且麥金利是他遇到的第一位槍擊傷患。

想要剖腹探查當然需要各式各樣器械，這群臨危受命的醫師們根本不曉得要上哪去找手術器械，只好借用敏特醫師隨身攜帶的簡便器械上陣。麥金利遭受槍擊七十分鐘後開始接受乙醚麻醉，這時已經是當地下午五點二十分，天色逐漸變暗。

一百多年前電燈算是稀有設備，外科醫師如果想在夜裡動刀，只能靠煤氣燈照明。然而，用來麻醉病人的乙醚很容易燃燒，若點起煤氣燈可能引燃揮發於空氣中的乙醚，後果不堪設想。因此，外科醫師們僅能在昏暗的光線下打開麥金利的肚子。手術開始沒多久，總統的私人醫師抵達博覽會醫院，見到大家摸黑動手術趕緊去找了鏡子，試著反射微弱的夕陽來照亮術野。

主刀的曼因醫師從左側肋骨下緣下刀，經過彈孔往下延伸，接著把手探進肚子裡，發現胃前壁有個約莫兩公分大小的破洞。曼因醫師把胃拉到體外，剛開始他們還懷有一絲希望，期待能在胃裡找到子彈，可惜一無所獲。過程中有些胃裡的液體溢出來，滲進傷口與腹腔。醫師先用絲線修補破洞，再用熱食鹽水清洗。曼因醫師將傷口往下延伸到約十五公分長，分離胃與大網膜後在胃的後壁找到另一個破洞，於是再度進行沖洗及縫合。

說起來很容易，做起來可一點也不輕鬆。麥金利身高約一百七十公分，體重接近九十公斤，BMI（身體質量指數）高達三十一，如此碩大的體型讓手術極度困難。外科醫師們既沒有適當的器械可以拉開腹壁、固定組織、撐住大量脂肪，又缺乏明亮的光線，想要處理腹腔深處的問題根本難如登天。縫好胃的前壁與後壁後，曼因醫師伸手進到後腹腔尋找子彈，但麥金利的心跳變得不規則，手術團隊決定結束手術。

就在即將關閉傷口時，專精外傷的帕克醫師終於回到博覽會醫院，他立刻找出收在醫院的電燈和器械供手術台上的醫師們使用。然而麥金利的生命徵象越來越不穩定，已經沒有繼續手術的本錢。這時敏特醫師建議於腹腔內放個引流管，但曼因醫師並不同意，決定直接把傷口關起來。整個手術時間大約九十分鐘。

晚上七點半左右，麥金利在麻醉未醒的狀態下被送到朋友家休息。大家可能會感到很錯愕，為什麼開完刀是被送到朋友家，而不是住在醫院？其實在一九〇一年時，醫院裡頭沒有恢復室，沒有點滴，沒有抽痰器，沒有鼻胃管，沒有尿管，沒有抗生素，術後照顧付之闕如。換句話說，住在醫院其實沒什麼用處，回到朋友家可能還比較舒適。

抵達朋友住處時麥金利的心跳每分鐘一百二十七下，體溫攝氏三十八點一度，呼吸每分鐘三十下，生命徵象不甚穩定。隔天上午麥金利仍然心搏過速，於是醫師給予毛地黃皮下注射，這是當時的強心劑。術後第一天，麥金利的尿量僅有兩百七十毫升，代表他嚴重脫水，可是在沒有點滴的年代，大家也無計可施。

接下來幾天傷口疼痛減緩，麥金利可以順利解便，尿量也逐漸恢復，狀況似乎逐漸好轉。由於傷口化膿，於是醫師拆掉幾處縫線，並用水清洗。當時相當流行用灌腸來補充營養，麥金利當然也接受過幾次營養灌腸。不過，在嘗試喝水之後，麥金利開始喝些牛肉湯、雞肉湯，甚至威士忌。

在這段期間因下腹手術留名的麥克柏尼醫師[2]曾經前去採視麥金利，還預測他會完全康復。

然而，麥金利的心跳一直都很快，總是維持在每分鐘一百二十，甚至一百三十下，呼吸也都維持在每分鐘三十下左右，顯然有些問題沒有解決。

九月十二日，醫師又開始替他注射毛地黃，但是狀況依然漸漸變差，到了隔天麥金利已奄奄一息，終於在九月十四日凌晨死亡。

當時擔任副總統僅四十二歲的「老羅斯福」隨即繼任，成為美國歷史上最年輕的總統。

死亡解剖室

醫師在九月十四日一大早解剖麥金利。根據解剖報告，子彈除了打穿胃之外，還擊中了左側腎臟的上半部以及胰臟，遭破壞的組織都出現壞死。由於總統夫人喊停，所以僅進行四個小時，沒有全部完成。最終官方資料記載麥金利死於胃和胰臟壞疽。

這一回，醫療團隊同樣遭受許多指責，有些歷史學家毫不客氣地說麥金利的死是因為送錯了醫院、選錯了人、開錯了刀。也有些人說，泛美博覽會現場就有展示X光機，如果拿來替麥金利拍幾張X光片，就有機會找到子彈。

回顧麥金利的病程記錄與解剖報告，我們可以發現胰臟受損應該是很重要的致死原因。穿孔的胃可以補起來，受損的腎臟即使沒有處理也不太會造成死亡，但是胰臟創傷就非常棘手，不但會導致急性胰臟炎，滲漏的胰液更會侵蝕破壞周邊組織。胰臟是消化系統中舉足輕重的腺體，胰液裡有很多種酵素可以分解脂肪、蛋白質、醣類，能將吃進肚子的各種食物分解成小分子，好讓身體吸收利用。然而，這些平時辛勤工作的酵素可沒長眼睛，不會區辨哪些是食

2 麥克柏尼（McBurney, 1845-1913），美國外科醫師，他建議急性闌尾炎發作時要盡早手術，急性闌尾炎的痛點也被稱作「麥克柏尼點」。

物，哪些是人體組織，只要遇上了一律分解。換句話說，當胰液滲漏時，會從體內慢慢把自己「消化」掉。對外科醫師而言，胰臟實在是個頗難處理的器官。

難道他非死不可？

平心而論，指責一百多年前的醫療團隊實在不甚公道，在那樣克難的環境下要替如此肥胖的患者動手術已經非常困難，遑論要去檢視並處理位在人體最深處的胰臟。正如曼因醫師所述，當時光線極差，麥金利的身軀又龐大，開刀時根本就像在一個又黑又深的洞穴裡挖掘。可以想見，即使交由帕克或敏特醫師主刀，也不見得有辦法扭轉局面。另外，替麥金利照X光片的想法其實對病情完全沒有幫助，畢竟X光無法顯現胰臟受損的狀況。大家經常以為替槍擊傷患開刀的目的是取出子彈，這是個大誤會。動手術的目的是修補受損的臟器、血管以挽救性命，有沒有取出彈頭反倒不是最主要考量。

為了解除外界疑慮，當年所有參與的醫師們還曾經發表共同聲明，說醫學沒有回頭路，所有醫師均同意當時做法是正確的。

現代醫學行不行？

如果麥金利在二十一世紀遭到槍擊，有機會存活嗎？答案是肯定的，那顆子彈雖然打穿胃、腎臟、胰臟，不過都沒有造成大出血，也就不會有立即生命危險，絕對可以撐到手術房，藉著充足的照明、完善的器械及麻醉醫師的協助，外科醫師可以修補或切除這些受損的器官。術後也能靠點滴補充水分與營養，並用抗生素控制感染。

不過，像麥金利這類過度肥胖的患者在腹部手術後絕對會遭遇許多併發症，呼吸方面的肺部塌陷、肺炎皆很常見，厚厚的皮下脂肪可能出現傷口感染，臥床太久可能出現下肢深部靜脈栓塞，甚至演變成肺動脈栓塞，在短時間內奪走人命。至於胰臟受創的併發症更是多不勝數，輕微的是形成腹內膿瘍、瘻管，嚴重的可能大出血、敗血症，經過這些折騰，患者就算沒死也去了半條命。有些學者認為當時若在肚子裡放置引流管，應該對病情有幫助。的確有可能，若能充分引流，便能減少膿瘍發生，也能避免胰液持續消化自己的身體。可惜滲漏的胰液通常不會如我們所期待乖乖地流進引流管，面對具備消化能力的胰液只能說是防不勝防。

＊

雖然麥金利沒有存活，不過美國國會還是支付了總計四萬五千美元[3]的醫療費用，其中主刀的曼因醫師獲得一萬美元，手術助手敏特醫師獲得六千美元，帕克醫師獲得五千美元，前來訪視的麥克柏尼醫師也有五千美元。

槍殺麥金利的凶手里昂．喬戈什（Leon Czolgosz, 1873-1901）後來被定罪，於一九〇一年十月二十九日因一級謀殺罪，坐上一千八百伏特的電椅處死，死後喬戈什的大腦被取出解剖。為了避免無政府主義者盜走屍體，獄方在他的棺材裡倒入硫酸，希望能將屍體徹底溶解。

從林肯、賈菲德到麥金利，短短三十幾年間就有三位總統遭人暗殺，終於讓聯邦政府決定提升總統的安全維護。雖然麥金利是第一位接受祕勤局保護的總統，但是當時的人力頗為單薄。麥金利去世後，國會要求祕勤局提供全天候護衛。即使一百多年以來陸陸續續仍有暗殺行動，不過成功率已經大幅降低。

3 一九〇一年的一美元約等於二〇一四年的二十七美元。

第4章
讓我平靜地死去吧！——放血放到死的華盛頓

「不用再麻煩了，讓我平靜地死去吧！」

這句話的主人，是歷史上赫赫有名的超級英雄。這位超級英雄沒有面具，沒有披風，沒有鋼鐵護甲，他是喬治・華盛頓（George Washington, 1732-1799）。

超級英雄的真實故事

大家肯定都聽過「華盛頓砍倒櫻桃樹」的故事，父母、師長總是希望以此為例告訴孩子要誠實正直，不過，這故事徹頭徹尾是捏造出來的。當年有位牧師為了提升書的銷售量，便虛構這麼一個橋段，萬萬沒想到，此後竟會成為家喻戶曉的故事，甚至讓很多人對華盛頓的印象僅剩下美國國父與櫻桃樹。

華盛頓的父親是位擁有菸草農場和奴隸的地主，算是維吉尼亞州的中產階級。華盛頓身材魁梧，身高接近一百九十公分，從外表看起來健壯結實很能吃苦耐勞。然而，華盛頓的父執輩們壽命均不長，大多罹患呼吸道疾病而死於肺炎。

父親死後，同父異母的哥哥接掌家業，不過隔沒幾年便染上肺結核。華盛頓陪伴哥哥前往加勒比海的巴貝多島養病，卻意外得了天花，差點丟掉性命。最後天花雖然痊癒，但是已在華盛頓臉上留下許多麻點。

哥哥去世後，華盛頓繼承家業，年紀輕輕的他已擁有幾千英畝的土地。一七五九年華盛頓與一位富有的寡婦結婚，財力更是大增。

一七七六年華盛頓帶領倉促成軍的民兵打敗英國正規軍，大陸會議於七月四日通過「獨立宣言」，宣布美國獨立。接下來幾年，不願放棄殖民地的英國展開強烈攻擊，擔任大陸軍總司令的華盛頓帶領軍隊在惡劣環境下奮戰，經過一場又一場的戰役，終於讓英國在一七八三年承認北美十三州獨立，世界上第一個主張「民有、民治、民享」的國家誕生。

勝利的時刻到來時，握有軍事大權的華盛頓沒有順勢成為國王或皇帝，而是與征戰多年一起出生入死的部屬們道別，靜靜地離去。華盛頓來到大陸會議廳，辭掉所有職位，將權力交還給國會。因為他堅信，國家本該屬於人民而非軍事力量。這是人類歷史上撼動人心的一幕，他讓曾經輝煌耀眼延續數千年的王室皇族頓時黯淡無光。

返回弗農山莊打算退出歷史舞台的華盛頓，後來為了解決州與州之間的矛盾與衝突推動制定新憲法，爾後獲選為第一任美國總統。在許多人心目中，華盛頓彷彿是「摩西第二」，引領著人民創建一個新的國家。然而，這時候的華盛頓總統已經接近六十歲，又因為多年征戰，身體狀況逐漸走下坡，時常筋骨痠痛，全身不適。

健康問題困擾著華盛頓，由於缺乏抗生素，光是感染便讓他在鬼門關前走了好幾趟。擔任總統後沒多久，他的大腿上就長出了一個大膿包，幸好當時外科醫師已經了解切開引流的奧義，靠手術解決了問題。華盛頓亦曾發生過數次呼吸道感染，每一次都需要幾個星期才康復。

華盛頓還有個麻煩就是蛀牙，一口爛牙被拔光了只好裝假牙，偏偏早期的假牙做工不良，無法與口腔貼合，使得華盛頓常在吃飯、喝茶時被嗆到，進一步提高了呼吸道感染的風險。

第一屆總統任期結束後，華盛頓很想退出江湖，回自己的農莊養老。然而當時國家的根基尚未穩固，且眾人不斷勸說，華盛頓才又扛起四年任期。不過當眾人勸他繼任第三任總統時，華盛頓便毫不猶豫地拒絕了。

從辭去軍職到卸任總統，華盛頓豎立起新典範，堅定地走在民主的道路上[1]。

死亡現場

卸下重任的華盛頓回到弗農山莊，享受人生中少有的清閒。

1 美國歷任總統中只有小羅斯福總統打破連任以一次為限的慣例，連任四屆總統。

一七九九年的十二月十二日，維吉尼亞州鄉間已覆蓋著皚皚白雪，華盛頓按照慣例於上午十點騎馬外出巡視農莊。剛跨上馬背沒多久，天氣突然變得很糟，大雪紛飛，冷風呼嘯。

直到下午三點，華盛頓才返回農莊，妻子注意到他的衣領已經濕透了。貼心的華盛頓告訴祕書說天氣實在糟糕透頂，別再出門，改天再寄信就行了。

隔天，華盛頓開始覺得喉嚨不舒服，講話聲音變得沙啞低沉。由於風雪持續，華盛頓便打消了外出騎馬的念頭。當晚身體不適的華盛頓，晚上九點就早早上床睡覺。睡到凌晨兩點左右，華盛頓醒了過來，他發現自己呼吸困難。睡在一旁的妻子被吵醒後，見到華盛頓生病了，便打算下床找人幫忙，但華盛頓不希望她離開被窩，怕會因此受寒。

清晨六點，僕人進入房間為壁爐添加柴火，華盛頓才請僕人去尋求協助。這時華盛頓已經開始發燒，也越來越喘，連要完整說完一句話都有困難。

華盛頓的祕書聽到消息，連忙聯絡醫師。不過在醫師抵達之前，篤信「放血療法」的華盛頓已經請「放血師」替自己切開血管，放掉大約四百毫升的血液。

祕書調了一杯由蜜、醋及奶油混合而成的飲料給華盛頓，但是華盛頓的喉嚨痛得很厲害，根本無法吞嚥，非但喝不下這杯飲料，反而嗆到無法呼吸。華盛頓呼吸紊亂，講話不清不楚，大家都搞不太懂華盛頓的意思，於是就先用鹽水泡過的布巾裹在他脖子上熱敷，並讓雙腳浸在熱水之中，希望能夠減緩他的不適。

上午九點左右醫師終於到了，不過在經過一番診視後仍舊決定祭出「放血大法」，替華盛頓放掉約莫五百毫升的血液。放完血後，華盛頓的狀況沒有好轉，於是醫師在上午十一點又替華盛頓放了一次血，同樣也是五百毫升。

祕書繼續用醋與蜜調製的茶飲替華盛頓漱口，但卻讓他非常不舒服，於是醫師改讓華盛頓吸入醋與水的蒸氣，試圖疏通華盛頓的呼吸道。

這天待在床邊照顧華盛頓的三位醫師都是他的舊識，一位是六十九歲曾與華盛頓並肩作戰的老醫師，一位是五十二歲的醫師，這兩人皆曾在愛丁堡受訓，由於美洲原本是歐洲各國的殖民地，所以有志之士多會前往歐洲念書遊歷。另一位較年輕的迪克醫師是唯一一位美國本土訓練出身的醫師，他對接觸新的醫學知識相當積極。

在多次放血後，華盛頓的狀況完全沒有改善，依然喘不過氣，說不出話。年輕的迪克醫師認為人體內的血量有限，不該繼續放血，否則會使華盛頓更加虛弱。兩位老醫師卻不這麼想。

下午三點多，老醫師決定再替華盛頓放血，而且這次一口氣放掉九百五十毫升！隨侍在側的祕書注意到，這次放血時血液的流速變得緩慢許多。

放完血後，老醫師接著使用強力瀉劑替華盛頓灌腸，爾後華盛頓曾下床坐了一會兒，但馬上又回到床上休息。經過這麼一番折騰，華盛頓依舊呼吸困難，雖然精疲力竭卻無法躺平休息。祕書將床上的枕頭愈疊愈高，倚靠枕頭的華盛頓喘著氣，用低沉緊繃的聲音說：「我覺得我快死了。謝謝你們的照顧，不過從現在起就別再麻煩了，讓我平靜地死去吧。吾命不久矣。」

眾人束手無策，只能圍繞在床邊繼續替華盛頓的手、腳塗上膏藥。僕人將壁爐的火燒得更旺，希望溫暖的房間能對他的病情有所幫助，而半坐臥於床上的華盛頓則是不斷變換姿勢，想要吸到多一點空氣。

夜裡，華盛頓用囈語交代祕書：「我要走了，將我體面下葬吧！」已經準備好面對死亡的華盛頓將手指頭搭在對側手腕上，平靜感受著自己最後的脈搏。

不久，華盛頓的手指頭從手腕上滑落，一位超級英雄就此與世長辭。

死亡解剖室

華盛頓過世的消息很快地傳開，報紙上登載一篇又一篇的弔念詩文，大大小小的城市紛紛舉辦象徵性的喪禮，讓人們對著空棺木憑弔這偉大的靈魂。當然對於華盛頓的病因與治療，眾人亦議論紛紛，有批評也有支持。

如今，我們曉得華盛頓在生命的最後一天接受的治療，諸如灌腸、熱敷和吸入醋蒸氣，完全無助於他的病情，至於連華盛頓自己都深信不疑的放血療法，更可能大大加速了他的死亡。

正常人體內的血液總量差不多占了體重的百分之八，華盛頓的體重約九十公斤，估算起來大概有七公斤左右的血液。當天，放血師與醫師一共替華盛頓放掉超過兩千三百毫升的血液，在短短幾個小時內流失如此大量血液，患者肯定會嚴重休克。

由於你已經了解失血能夠導致死亡，所以會覺得把放血當成治療手段是匪夷所思。不過，只要想像自己回到兩千年前的環境，就比較容易理解。那時候人們不知道有細菌、病毒的存在，只觀察到患者生病的時候常常發燒，高燒不退，往往是走向死亡的徵兆。

既然體溫太高會死人，當然得想辦法降溫。經過一番思索，他們推論心臟的功能像火爐，負責替血液加熱，所以若要把體溫降下來，就得把「太熱的血」放掉。各種觀察與推論後來漸漸匯集成了「體液學說」，主張人體有三種「氣」，「動氣」由肝臟產生，是提供營養和生長的靜脈血液；「活氣」由心臟產生，是維持生命和熱度的動脈血液；「精氣」則是由大腦產生，負責人的知覺。只要體內的「氣」維持平衡，人就不會生病。

古希臘羅馬時代的名醫蓋倫認為，要治療疾病便須從「血液、黏液、黃膽汁、黑膽汁」這四種體液著手，於是「放血、嘔吐、發汗、腹瀉」就成了主要的治療手段，更像信仰一般延續了將近兩千年，無論是頭痛、胸痛、肚子痛，統統都是這幾招。暗紅色的靜脈血一向被視為「骯髒的壞血」，當壞血源源不絕地流掉時，患者心裡都能獲得「被治療」的感覺，發揮強大的「安慰劑效用」。

為何他們不擔心血液流乾呢？因為他們誤以為血液就像潮起潮落般無窮無盡，所以才會毫無顧忌地揮霍珍貴無比的血液。

直到十七世紀的哈維醫師（William Harvey, 1578-1657）仔細研究青蛙心臟，經過科學化的觀察與計算後發現，每一分鐘都有大量的血液流出心臟，倘若這些血液一去不復返，身體根本無法及時補充如此大量的血液。於是他提出了「血液循環」的理論，告訴大家血液乃是由跳動的心臟推動，經動脈流向全身後，再從靜脈流回心臟。

雖然哈維醫師以科學實證推翻了沿用千年的錯誤，但是在有效的治療方法出現之前，醫師依然只會放血、放血、放血。

難道他非死不可？

根據文獻推斷，華盛頓應該是罹患嚴重的急性會厭炎，會厭是片位於氣管前端的軟骨，人在吞嚥時，會厭軟骨會蓋住氣管避免食物進入，當會厭發炎腫脹時，便會造成上呼吸道阻塞，進而呼吸困難。患者一開始會發燒、吞嚥疼痛、吞嚥困難及說話聲音改變，接著就連吞口水都有困難，然後便是呼吸窘迫，吸不到空氣，若將身體前傾會比較容易呼吸。讓華盛頓病倒的病原體很可能是B型嗜血桿菌（Haemophilus influenzae type B）。

這種凶猛的病原體會引發會厭炎使患者窒息，也會併發肺炎、腦膜炎、敗血症，進而導致死亡，在抗生素被發明以前，大概都只能聽天由命。除了抗生素外，還有一個相當關鍵的步驟，便是置入氣管內管或執行氣管切開術，才能讓患者順暢地呼吸。可惜在十八世紀末，氣管內管尚未問世，氣管切開術亦相當罕見，華盛頓的死亡幾乎可說是不可避免。不過迪克醫師表示，他曉得問題出在上呼吸道，於是提議替華盛頓進行氣管切開術，卻遭到另外兩位較資深的醫師否決，他們擔心過於前衛的做法會遭來麻煩。沒能進行這個手術讓迪克醫師非常後悔，他相信氣管切開能夠延長華盛頓的生命。

氣管受阻已然喘不過氣來的華盛頓，又被放掉大量血液導致血壓過低且讓攜帶氧氣的紅血球大幅減少，缺氧的狀態自然會迅速惡化，終於斷送了性命，使這位超級英雄無緣見到十九世紀到來。

現代醫學行不行？

假使華盛頓活在二十一世紀，能夠接受現代醫療照顧，存活下來的機會非常大。首先醫師會給予抗生素，控制感染能夠減輕會厭腫脹，避免呼吸道阻塞。如果會厭實在腫得太厲害，醫師可能插入氣管內管維持呼吸道暢通，甚至切開氣管。氣管切開的位置在喉結下方，從這裡建立呼吸道就完全不會受到會厭影響，待病情緩解，再移除呼吸管即可。

根據大規模的研究報告，近年來因會厭炎住院的患者男女比約為六比四，每年十二月有最多患者住院，平均住院四天左右，死亡率僅百分之〇・八九[2]。

*

華盛頓是個非常鮮明的例子，告訴我們許多未經驗證的治療方式縱使流傳千年、擁有無數見證，仍舊只是該被淘汰的騙人把戲。

顯然無效甚至大大有害的治療方式卻流傳了兩千年，想替華盛頓治病的醫生原來是加速死亡的凶手，而刻意捏造的砍倒櫻桃樹竟然成了後世傳頌的事蹟。歷史總是用它特有的黑色幽默，送給世人一個又一個哭笑不得的大玩笑。

2 Shah RK, Stocks C. Epiglottitis in the United States: national trends, variances, prognosis, and management. Laryngoscope. 2010 Jun; 120(6):1256-62.

第5章
悄悄蟄伏的寧靜殺手——小羅斯福失控的血壓

一九四五年四月十二日下午，小羅斯福總統（Franklin Delano Roosevelt, 1882-1945）坐在房間裡讓一位畫家替他畫肖像，他提醒畫家說：「我們只有十五分鐘時間。」也許還有其他的行程，所以才會如此匆促，不過誰也沒想到，這十五分鐘竟然是羅斯福生命的最後十五分鐘。

下午一點十五分左右，後枕部的劇烈疼痛讓羅斯福抱住頭，隨後便失去意識。

羅斯福的倒下看似突然，不過在幾個月之前便有人做了預言。

一九四五年二月，天寒地凍的雅爾達聚集了世界上最有權勢的三個人，邱吉爾、羅斯福與史達林，分別是英國、美國、蘇俄的領導人。為期八天的會議中，他們瓜分了這個世界，對日後國際局勢造成極為重大的影響。在三大國領袖合影中，坐在中央的羅斯福似乎笑得很開朗，不過當時他其實非常虛弱，幾乎可以用「行將就木」來形容。

開會時，羅斯福經常目光呆滯，注意力無法集中，且不時打瞌睡。他的心不在焉激怒了邱吉爾。據說邱吉爾曾經對屬下說：「他已經沒有體力掌控他的權力了。」

邱吉爾的私人醫生莫朗在近距離觀察中寫下對於羅斯福的看法，他說：「羅斯福總統的眼睛直視前方，嘴巴開開的，看起來完全失神。從醫生的角度看來，他是一個病人，病得很重，恐怕沒幾個月好活了。」

即使羅斯福的收縮壓曾經高到三百毫米汞柱，羅斯福的私人醫師麥金太爾並不覺得總統的健康問題很嚴重。

死亡現場

莫朗醫師果然沒有看走眼，羅斯福回到美國後血壓依然居高不下。一九四五年四月十二日下午，羅斯福便猝然倒下。剛開始羅斯福的雙眼瞳孔還正常，但在幾分鐘內，右眼的瞳孔就逐漸放大。

醫師匆匆趕到現場，可是昏迷不醒、頭冒冷汗的羅斯福對外界的刺激完全沒有反應，且有明顯的尿失禁。當時羅斯福的收縮壓已經高到超出血壓計可以測量的範圍，也就是超過三百毫米汞柱，舒張壓亦高達一百九十毫米汞柱。

醫師判斷羅斯福中風了，顱內應該有大量出血，左眼瞳孔亦漸漸開始放大。隨後羅斯福的血壓逐步下降，呼吸變慢，且愈來愈不規則，在昏迷兩個多小時後醫師宣布了死訊。

死亡解剖室

羅斯福在五十四歲競選第二任總統時血壓就偏高，曾經有一六二／九八毫米汞柱的記錄。擔任第三任總統初期，小羅斯福曾經因為痔瘡流血送醫，那時的血壓是一八八／一〇五毫米汞柱，似乎有愈來愈高的趨勢。

他的私人醫師是位耳鼻喉科醫師，對於逐漸爬高的血壓並沒有太在意，只建議羅斯福能多多按摩、紓緩身心。

到了一九四三年，剛滿六十歲的羅斯福健康狀況迅速惡化，經常面露疲倦，偶爾還會喘不過氣，睡到半夜得坐起身子大口吸氣，甚至愈來愈難躺平。不過，私人醫師認為羅斯福的問題是支氣管炎。

第四度參選總統時，小羅斯福的血壓已經衝破兩百大關，大約都是維持在兩百到兩百四十毫米汞柱。後來還有二六〇／一五〇毫米汞柱的記錄。

羅斯福的病史大概就是高血壓患者的自然病史，長期失控的血壓會導致器官衰竭，最後死於相關併發症。

難道他非死不可？

你可能會感到好奇：「身為美國總統，應該會受到最好的醫療照顧，怎麼會放任血壓失控呢？」

身在二十一世紀的我們大概都曉得高血壓會造成許多危害，所以平時應該要控制血壓在一四〇／九〇毫米汞柱的標準內。但在一九四〇年代，大家的觀念可是截然不同。

翻開當時的教科書，我們可以看到這樣的說法：「高血壓帶來的危害在於『發現高血壓』，因為有些傻子會想盡辦法來降低自己的血壓。[1]」有人認為，「高血壓是體內重要的回饋機制，即使有方法也不該降低自己的血壓。」

提出類似主張的都是當時頗有分量的心臟科專家，他們相信高血壓是「自然的回饋機制」，身體老化後血壓就「必須」變得這麼高。

那時候醫師看待血壓的標準相當寬鬆，有人認為「年齡加上一百」就是一個人該有的收縮壓數值，亦即五十歲的人收縮壓標準為一百五十毫米汞柱，七十歲的人收縮壓標準為一百七十毫米汞柱。也有人說，只要血壓小於二〇〇／一〇〇毫米汞柱就行了，完全不需要控制血壓，醫師頂多請病人減輕體重，或

1 Moser M. Historical perspectives on the management of hypertension. J Clin Hypertens (Greenwich). 2006 Aug; 8 (8 Suppl 2):15-20; quiz 39.

者服用一點鎮定劑。

歐洲醫學界從一九二〇年代起提倡低鹽飲食，認為此舉有助於降低血壓，可是美國醫學界沒有採納這樣的觀點。而且，當時的人們亦不曉得菸草可能危害心血管系統，無論男人女人都習慣吞雲吐霧。

一九四〇年代有不少患者在四十出頭時，收縮壓便已經高達兩百毫米汞柱，這些人平日可能沒有什麼症狀，可是漸漸就會因為心絞痛、心臟衰竭、中風及腎臟衰竭住進醫院。

現代醫學行不行？

那個年代尚未發展出真正有效降低血壓的藥物，即使醫師認為病人血壓過高，還是只能請病人多多休息紓解壓力。

由於缺乏藥物，當時若想控制血壓有時會找外科醫師幫忙。要如何用手術刀降低血壓？因為交感神經興奮時會讓血壓上升，所以外科醫師便動手切掉部分交感神經和腎上腺。這種手術，能夠成功地解決高血壓、降低死亡率，不過患者得在醫院裡住上三到六個星期，而且副作用很多，可能出現姿態性低血壓、性功能障礙等問題。

如今，大多數醫師會建議五十歲中年人若量到血壓超過一四〇／九〇毫米汞柱時，要調整生活方式。維持適當體重、減少鹽分和脂肪的攝取、戒菸、多運動、適量飲酒都是改善血壓的好方法。

假使血壓沒有改善，就會建議搭配藥物治療。現代高血壓藥物的種類很多，讓醫師可以依照患者的狀況選擇最適當的藥物。

高血壓究竟會對人體造成什麼問題呢？我們體內每個器官都需要血流才能運轉，然而就像過高的電壓會破壞電器一般，過高的血壓也會破壞器官。

為了維持較高的血壓，心臟得賣力收縮，終於漸漸演變成心肌肥大、心臟衰竭，或出現胸痛及喘不過氣等症狀。失控的血壓與硬化的血管是相當可怕的組合，每一次心跳都可能引爆，將患者推向死亡。當主動脈破裂，患者會死於大出血，當腦血管破裂，即為出血性中風，患者會昏迷、死亡。

許多人都以為血壓高的時候應該會出現頭痛、頭暈、肩頸痠痛等症狀，不過大多數的高血壓患者通常沒什麼感覺，高血壓就像悄悄蟄伏的「寧靜殺手」，一旦出事，病人往往非死即殘。

剛開始會發明降血壓藥其實也是誤打誤撞，由於某些藥物的「副作用」是讓患者血壓降低，所以研究人員便拿來做實驗，治療那些不想接受交感神經切除手術的患者。結果發現，患者在血壓降下來之後，血尿、頭痛等症狀也跟著改善，大家才漸漸明白血壓對於心臟、肝臟、腎臟、內分泌及神經系統的影響。不過，早期的降血壓藥物得從靜脈施打，患者必需住院，相當不方便，病情獲得控制的人數並不多，直到口服降血壓藥物出現後，才讓更多人的血壓問題得到控制。

多年的臨床試驗逐步證實，只要能控制血壓，就可以減少因為血管疾病死亡或傷殘的機會。到了一九五〇年代大家對致病機轉有更進一步的認識，保險公司便開始拒絕高血壓患者投保。

假使羅斯福活在二十一世紀，醫師應該會想辦法處理他失控的血壓，只要好好維持便能大幅降低各種併發症的機會。不過醫師的建議是一回事，患者願不願意配合又是另一回事。直到現在，許多患者仍然無法體會高血壓的危害，而把醫囑當成耳邊風，吃藥看心情，抽菸喝酒一如往常。希望羅斯福這個老菸槍戒菸，恐怕是不可能的任務。

對於出血性中風，現代醫學的處理和當年大不相同。羅斯福中風的時候，醫師僅在住所替他注射了一些罌粟鹼，並給予一些亞硝酸戊酯[2]，連送醫院都沒有。如今，患者被送到急診室後，醫師會立刻置入氣管內管並用呼吸器維持呼吸，因為血塊壓迫腦部會讓呼吸變得不規則甚至停止。腦部電腦斷層檢查能夠在短短幾分鐘內透視頭顱，清楚顯現出血塊的位置與大小。若患者的狀況許可，神經外科醫師會考慮緊急手術。手術可以移除血塊、降低顱內壓力，增加患者存活的機會，不過在出血時受損的腦組織大概無法復原，將會留下許多神經學後遺症，語言、認知功能、肢體動作等皆會受到很大的影響。

2 亞硝酸戊酯（amyl nitrite），當年用於治療狹心症的藥物。

另有隱情？

由於羅斯福去世後沒有進行解剖，嚴格來講大家還真的不曉得他真確的死因，自然會出現不同的臆測。

比對羅斯福過去幾年的相片可以發現，他的左側眉毛有個逐漸變大的斑點[3]。這個突起的斑點外型不對稱，邊緣不規則，直徑超過六毫米，而且顏色亦有變化。上述幾項皆是重要警訊，當身上的痔或斑點出現這些變化時便要非常提高警覺，因為這可能不是普通的痣，而是皮膚癌。

雖然沒有相關手術記錄，但是羅斯福臉上這個顯眼的病灶在一九四〇年代卻消失不見。一個生長多年的病灶應該不會自動消失，這樣的變化自然啟人疑竇。

研究人員觀察羅斯福晚年的錄影，推論他有左側偏盲的問題，左側視野缺損可能是中風的後遺症，也可能是腦部腫瘤所引起。另外，羅斯福曾經發作過幾次肚子痛，而且他的體重在去世前的幾個月內減輕了十八公斤。這幾個狀況究竟有沒有關聯呢？有人提出了一個說法，認為羅斯福臉上的病灶是黑色素瘤，雖然接受手術切除，卻已轉移到腸道及腦部，腸道腫瘤會造成腸套疊引起疼痛，而腦部腫瘤則導致左側偏盲以及後續致命的出血[4]。

機密病歷不翼而飛

後人會認真地探究羅斯福的死因，實在無可厚非，畢竟政治人物經常刻意隱瞞健康問題。羅斯福絕對算得上是瞞天過海的高手，他在三十九歲時生了一場大病，腰部以下完全癱瘓。十多年後羅斯福當選美國總統，不過許多人民根本並不曉得他無法行走。羅斯福的西裝下總穿著三公斤重的特製鋼圈支架，以軀幹的轉動帶動雙腳些微移動，隨從會亦步亦趨地在一旁攙扶，讓羅斯福能夠

3 Ackerman AB, Lomazow S. An inquiry into the nature of the pigmented lesion above Franklin Delano Roosevelt's left eyebrow. Arch Dermatol. 2008 Apr;144(4):529-32.

4 Lomazow S. The untold neurological disease of Franklin Delano Roosevelt (1882-1945). J Med Biogr. 2009 Nov;17(4):235-40.

挺直腰桿站著對群眾說話。競選期間羅斯福走過四十一州，旅行三萬七千公里的路程，發表過無數次演講，都順利瞞過了觀眾的眼睛。羅斯福晚年的健康狀況非常差，然而人民顯然不甚清楚，否則恐怕無法順利連任。

羅斯福去世四十八小時後，存放於貝塞斯達海軍醫院的病歷也跟著不翼而飛。究竟是誰取走了病歷？想隱瞞些什麼呢？

因為那時候僅有三個人有辦法接觸那個保險箱，而其中一位正是羅斯福的私人醫師麥金太爾，讓整個事件又增添了許多想像空間。

第6章
肚子裡的炸彈——愛因斯坦的動脈瘤

一九〇五年，二十六歲的愛因斯坦（Albert Einstein, 1879-1955）於一年之中發表了關於光電效應、布朗運動、狹義相對論、質能互換等重量級論文，一舉翻轉了古典物理對於時間、空間與物質的認識，這一年也被稱為「愛因斯坦奇蹟年」。短短幾年內，這位不到三十歲的年輕人便成了科學界新星，許多前輩紛紛向他討教，爾後也回到大學擔任物理學教授。

愛因斯坦曾預言，認為光線經過太陽重力場後會彎曲。英國在一九一九年派出探險隊分別前往巴西及非洲西海岸觀測日全蝕，測量結果與愛因斯坦所做的預測相當接近，使愛因斯坦聲名大噪。

那時第一次世界大戰剛結束不久，人們渴望擺脫戰爭的苦難，於是新聞媒體大肆報導這類振奮人心的消息，推崇愛因斯坦的相對論為「人類思想史上最高成就」，探討相對論的書籍也如雨後春筍般冒了出來。雖然真正理解相對論的人不多，但是「空間扭曲」這種讓人似懂非懂的描述更大大加深了世人對愛因斯坦的崇拜與狂熱。

納粹取得德國政權後，有聲望的猶太人便成為迫害的首要目標，愛因斯坦只好遠渡重洋落腳於美國普林斯頓高等研究院。這時的愛因斯坦很愛抽菸，幾乎是菸斗的奴隸。他的妻子曾對鄰居抱怨：「從一大早起床後，他都沒讓菸斗離開過嘴巴。」據說在被醫師下了禁菸令後，愛因斯坦還曾經撿拾丟在路邊的菸屁股，取出裡頭的少量菸草塞進菸斗內湊合著抽。

死亡現場

一九四八年，六十九歲的愛因斯坦經歷了好幾次上腹疼痛，每次發作都會持續兩、三天，通常伴隨著嘔吐。這問題大約三到四個月就會發作一次，於是愛因斯坦住進醫院接受檢查。醫師按壓愛因斯坦的腹部，發現深處有個搏動的腫塊，於是建議愛因斯坦接受剖腹探查，看看裡頭究竟出了什麼問題。

這個手術由著名的外科醫師尼森[1]操刀，他發現愛因斯坦肚子裡頭有顆「葡萄柚大小」的「腹主動脈瘤」。

當年，與心臟或主動脈相關的手術仍被大多數人視為畏途，像拆炸彈般將主動脈瘤摘除根本是連想都不敢想。有外科醫師為了救治腹主動脈瘤破裂的患者，乾脆直接把腹主動脈整個結紮綁死，如此一來出血被控制住了，不過整隻腳也缺血壞死，只好走上截肢一途[2]。早在一八一七年，就有醫師嘗試以主動脈結紮來處理主動脈瘤，可惜經過一百多年的嘗試依然沒有像樣的結果，絕大多數患者都在短時間內死亡[3]。

1 尼森（Rudolph Nissen, 1896-1981），著名外科醫師，發明胃食道逆流的外科治療方式，同時也是第一位成功完成「單側肺葉全切除」手術的醫師。

2 John J. Morton and W. J. Merle Scott. Ligation of the Abdominal Aorta for Aneurysm. Ann Surg. Mar 1944; 119(3): 457–467.

3 Daniel C. Elkin, Aneurysm of the Abdominal Aorta-Treatment by Ligation, Ann Surg. Nov 1940; 112(5): 895–908.

尼森醫師沒有直接挑戰愛因斯坦的腹主動脈瘤，而是在主動脈瘤上裹上一層聚乙烯薄膜，希望藉由刺激周遭組織纖維化來加強血管結構，以降低破裂的風險。

術後三星期，愛因斯坦恢復得還不錯，便返回普林斯頓，也曾到佛羅里達州旅行，期待靠著醫師囑咐的健康飲食、健康生活型態能多少恢復一點。

接下來五年多的時間，愛因斯坦依舊把精力投入科學研究，也婉拒了擔任以色列總統的建議。

一九五五年，愛因斯坦的症狀逐漸惡化，有天在會見訪客後倒在浴室，不定時炸彈終於引爆了。愛因斯坦一開始拒絕到醫院就診，但為了怕造成家裡麻煩，最後還是去到普林斯頓醫院。

愛因斯坦的腹痛有時會延伸到右上後背，所以外科主任認為愛因斯坦有膽囊炎且腹主動脈瘤已經開始破裂，於是建議動手術切除主動脈瘤，並拿其他屍體的主動脈來接續主動脈。這類型的主動脈手術才剛問世，受限於手術技巧、設備與經驗，患者的存活率很差，不過終究是一線生機。但是愛因斯坦拒絕了，他說：「用人工方式延長生命實在沒有什麼意思。我已經走完人生，離開的時候到了，我將優雅地離開。」並對助理表示，「我一定會死，何時並不重要。」

接下來幾天，愛因斯坦不時會肚子大痛，需要使用嗎啡才能緩解。面對生命的盡頭愛因斯坦顯得相當平靜，仍舊持續思考，摸索著難以捉摸的統一場論。

五天後，愛因斯坦在一陣大痛之後停止了呼吸，時年七十六歲，他的病床邊有十二頁寫滿方程式的草稿。

死亡解剖室

愛因斯坦於深夜過世後，普林斯頓醫院在當天上午八點就進行解剖。照顧過愛因斯坦的醫師們曾對診斷有些歧見，有人認為愛因斯坦的肚子痛來自膽囊發炎，有人則說是腹部主動脈瘤帶來的問題。

病理科醫師托馬斯・哈維（Thomas Stoltz Harvey, 1912-2007）在解剖愛因斯坦後，證實其膽囊是正常的，既沒有發炎，也沒有結石，會出現類似膽囊炎的症狀是因為腹主動脈瘤破裂流出的血液沿著後腹腔來到膽囊周圍而引起疼痛。這樣的臨床表現後來被稱為「愛因斯坦徵兆」（The Einstein sign），使愛因斯坦在醫學上也留下了大名。

難道他非死不可？

我們的心臟是驅動血液循環的馬達，持續不斷地將富含氧氣的血液送往全身。主動脈是身體裡的縱貫公路，上頭連接心臟，然後貫穿胸腔、腹腔，沿途會分出許多小岔路通向大大小小的臟器。主動脈的管壁很有彈性，能夠承受極高的血壓並將血液推往遠端，不過在經年累月地操勞之下，主動脈也會逐漸老化失去彈性，於是像氣球一般越脹越大。這些扭曲變形的主動脈成了身體內的不定時炸彈，隨時可能爆開，瞬間奪走性命。

導致主動脈管壁彈性疲乏的原因很多，其中抽菸顯然是非常重要的危險因子，九成以上的主動脈瘤患者有菸癮。老化會使主動脈壁失去彈性，而太高的血壓則會破壞主動脈壁，所以腹主動脈瘤好發於六十歲以上的患者，男性罹病機會更是女性的四倍，像愛因斯坦這種年過六十菸不離手的男士即是典型的樣貌。

除此之外，某些會影響結締組織的遺傳疾病，或是感染、發炎、創傷，都會傷害主動脈壁，隨之產生的疤痕組織使主動脈結構受到破壞。

現代醫學行不行？

在愛因斯坦的年代，醫師僅能用手觸診，想要發現藏在肚子深處的主動脈瘤可沒那麼容易，所以大多數患者是在腹痛發作接受剖腹探查時才意外發現裡頭的炸彈。如今，我們能夠藉由腹部超音波和電腦斷層等檢查偵測出肚子裡的主動脈瘤，並加以追蹤。由於主動脈沿線有許多重要的分支，常讓狀況變得非常棘手。

該如何治療主要以主動脈瘤的位置與大小來評估。如果患者沒有症狀，且動脈瘤小於五公分，通常醫師會建議持續追蹤。經由戒菸、控制血壓、血脂，再搭配健康的飲食與生活型態，皆有助於控制主動脈瘤擴大。如果患者的主動脈瘤大於五公分，或是以每年一公分的速度變大，那手術就是較適當的選擇，否則隨時都有破裂出血的危險。倘若患者從來都不曉得有腹主動脈瘤的存在，直到破裂出血才被診斷，這些人的死亡率會超過五成。

既然病變的血管壁導致主動脈瘤形成，那麼根本的解決方法就是換掉損壞的血管。外科醫師會截掉損壞的主動脈，換上一段人工血管，經過長時間的努力，這種手術在非緊急狀況下成功率可以達到九成。

不過，身在二十一世紀的患者還有另一種選擇。這種做法不用開膛剖腹，而是從股動脈將血管支架送進主動脈，等同替老化的主動脈放入一層較堅固的「內胎」，讓血液僅在血管支架內流動，而不會繼續衝擊病變的血管壁。

這種微創手術的好處是手術時間短、術後恢復快，適合用在高齡、虛弱、心肺功能不佳的高危險群，但是術後血管滲漏的機會高於傳統手術，患者需要長期追蹤治療。

天才的大腦究竟有什麼不同？

愛因斯坦瀟灑地離開人世，但是他的故事並沒有就此中斷。多年之後，有位五年級的小男孩在課堂上說：「我爸爸有愛因斯坦的大腦喔！」他的發言震驚所有人也引起了軒然大波。

原來，這位小男孩正是病理科醫師托馬斯．哈維的兒子。負責解剖的哈維醫師對於愛因斯坦真正的死因較不感興趣，他好奇的是「為什麼愛因斯坦這麼聰明」，他用電鋸切開頭蓋骨取出大腦。

哈維醫師取出愛因斯坦的大腦後，第一步便是秤重。愛因斯坦大腦的重量僅一千兩百三十公克，並沒有特別突出，甚至略輕於男性大腦的平均重量。可見智慧高低與大腦重量並不必然相關。

理論上，在完成解剖之後，得把所有的器官放回原位再行縫合，不過當愛因斯坦的遺體被送走時，頭蓋骨中依然空空如也。

雖然愛因斯坦曾經表示，自己死後要火化，也請家人將骨灰撒在住家附近的河裡，以免埋葬屍骨的墓園成為人們狂熱朝聖地，但是哈維醫師實在不願讓愛因斯坦的大腦就此灰飛煙滅，所以在解剖時他先從內頸動脈注射福馬林，進行防腐程序。當愛因斯坦被火化時，他的大腦仍然泡在福馬林的罐子裡。

哈維醫師的兒子在學校透漏「我爸爸有愛因斯坦的大腦」後，愛因斯坦的兒子曾打電話到醫院抱怨，但哈維醫師極力勸說保留天才的大腦具有科學意義，家屬才勉為其難地同意，但堅持其大腦僅能用在科學用途。

哈維醫師花了三個月時間將愛因斯坦的大腦分成兩百四十塊，再分別細切成可供顯微鏡觀察的薄片，這千餘片玻片便成了哈維醫師的珍藏。倘若遇上他敬愛或是談得來的學者，哈維醫師會分送幾片給他們研究。

爾後，曾經取得大腦切片的學者們陸續發表過幾篇文獻。有個研究小組說，愛因斯坦大腦中負責語言、口說表達的區域比較小，但處理空間及數字的區域較大。從解剖學觀點來看，大腦兩邊外側溝有部分是空的，或許能呼應愛因斯坦以「圖像」而非「語言文字」來思考的特質，能從一道抽象的公式中看出背後的物理內涵。

加州大學的研究人員用顯微鏡來計算「膠質細胞」的數目，膠質細胞的主要功能是支撐神經細胞，並供應養分。他們分析愛因斯坦大腦中神經細胞與膠質細胞的比值，並拿另外十一個男人的大腦做對照組，結果發現愛因斯坦左側大腦第三十九區的膠質細胞比其他人還要來得密集且達到統計學上的差異。他們推測愛因斯坦可能經常使用此一區域，於是需要較多的新陳代謝[4]。

佛羅里達大學的學者拿愛因斯坦大腦的相片來分析，發現愛因斯坦前額葉的大腦皮質相當發達，這也許跟他傑出的認知功能有關。愛因斯坦的頂葉亦不太尋常，這部分可能與視覺空間、數學能力有關[5]。

---

4 Diamond MC, Scheibel AB, Murphy GM Jr, Harvey T. On the brain of a scientist: Albert Einstein. Exp Neurol. 1985 Apr;88(1):198-204.

5 Falk D, Lepore FE, Noe A. The cerebral cortex of Albert Einstein: a description and preliminary analysis of unpublished photographs. Brain. 2013 Apr;136(Pt 4):1304-27.

另外還有人把焦點放在「胼胝體」，胼胝體具有大量神經纖維束，主要功能是聯繫左右兩邊的大腦半球。他們拿愛因斯坦的大腦來跟十五位老人及五十二位平均年齡二十六歲年輕人的大腦做比較。為什麼要挑選「二十六歲」的年輕人？因為那就是愛因斯坦提出了相對論及其他重要理論而被稱為奇蹟年的歲數。結果發現，愛因斯坦的胼胝體明顯比對照組還要厚6。

諸多差異究竟是否能與「天才」畫上等號，我們不得而知，但是這些研究多少滿足了人們對於天才的想像。

大腦流浪記

哈維醫師的生活不甚如意，他離婚、再婚，又離婚、又再婚，搬過一個又一個城市，不過他始終帶著愛因斯坦的大腦。直到四十年後，有位自由作家找到了高齡八十四歲的哈維醫師，他們一塊兒開著車橫越美國，行經千哩希望能將愛因斯坦的大腦送還給他的孫女依芙琳（Evelyn Einstein, 1941-2011）。這段奇特的旅程後來被寫成了書，書名就叫《送愛因斯坦回家》[7]。

取得愛因斯坦大腦的孫女依芙琳其實並非愛因斯坦長子的親生女兒，而是收養來的。傳說愛因斯坦在第二任妻子過世後曾經有過幾段戀情，甚至可能與一位芭蕾舞者生下了女兒，於是愛因斯坦安排長子收養照顧她。當八十四歲的哈維醫師找到依芙琳時，依芙琳已經離了婚，窮困潦倒無家可歸，好一段時間都是睡在車上。她期待用愛因斯坦的大腦切片證實自己是否為愛因斯坦的親生女兒，然而泡了四十年福馬林，大腦裡的DNA早就破壞殆盡，無法替她解開身世之謎。

後來，哈維醫師繼續守護著愛因斯坦的大腦，直到以高齡九十五歲辭世為止。二〇一〇年，哈維醫師的繼承人將所有愛因斯坦大腦切片及完整大腦的照片捐給美國國家健康與醫學博物館。被《時代雜誌》選為二十世紀最重要人物

6 Men W, Falk D, Sun T, Chen W, Li J, Yin D, Zang L, Fan M. The corpus callosum of Albert Einstein's brain: another clue to his high intelligence? Brain. 2014 Apr;137(Pt 4):e268.

7 《送愛因斯坦回家》（*Driving Mr. Albert*）麥可・帕德尼提著，陳俊賢譯，大塊文化出版。

之一，絕頂聰明的愛因斯坦，肯定料想不到自己死後竟然還有這麼一段餘波盪漾。

正如《送愛因斯坦回家》的作者所言，「我承認我也很想摸摸愛因斯坦的大腦，想要將其放在手掌上惦惦重量，感受那千百萬神經元的魔力。」如此一位奇蹟似的天才，實在讓人無比崇拜也無比好奇。

不過當世人將愛因斯坦視為奇蹟，並企圖研究他的大腦，找尋奇蹟的蛛絲馬跡時，我們也許可以聽聽愛因斯坦關於奇蹟的看法。他認為這世界不存在奇蹟，而奇蹟更不是上帝存在的證據，相反的，唯有萬物和諧共存才能彰顯上帝的存在。或許，就是這份對大自然的崇敬，讓愛因斯坦替人類揭開一道又一道的宇宙奧祕。

羅素曾說：「愛因斯坦在一個瘋狂的世界中，保持清楚的理智。」能讓愛因斯坦如此不凡的應該不是異於常人的大腦結構，而是創新、挑戰權威又謙遜的心靈。

第7章
致命的快感——顱內出血的勞倫斯

西元一九三五年五月十三日，有輛排氣量一千毫升的機車在英國一處寧靜鄉間的小路上奔馳，引擎發出低沉渾厚的怒吼，帥氣的騎士陶醉在極速快感中。這時路邊突然冒出兩位騎腳踏車的男孩，騎士大吃一驚，立刻轉向閃躲。機車頓時失去控制，騎士重重地摔在地上。

陷入昏迷的騎士被送到醫院，醫院立刻找來神經外科專家，不過顱骨骨折的騎士依舊於幾天後死亡。

這位騎士在生前擁有一番轟轟烈烈的事蹟，而他的死亦對世界造成相當深遠的影響。

縱橫沙場的英雄

勞倫斯（Thomas Edward Lawrence, 1888-1935）的精力旺盛且很有毅力，在學生時代就曾經踩著腳踏車於歐洲各地考古旅行，行程長達數千公里，最遠甚至抵達敘利亞及巴勒斯坦。紮實的考古經驗讓勞倫斯以優異成績畢業於牛津大學，爾後投入中東的考古工作。

第一次世界大戰期間，熟悉阿拉伯文化的勞倫斯加入情報部門成為聯絡官。由於當時的阿拉伯地區受到鄂圖曼土耳其帝國控制，土耳其又支持德國，所以勞倫斯的任務是支持阿拉伯民族主義，協助阿拉伯國家解脫離土耳其的掌控，並獲得政治自由。

第一次大戰結束後，勞倫斯仍是個沒沒無聞的小軍官，直到事蹟被一位記者披露，勞倫斯遂成了家喻戶曉的人物。由於他對阿拉伯的重大貢獻，而被稱為「阿拉伯的勞倫斯」。

可惜，最後阿拉伯國家沒能順利獨立。失望的勞倫斯拒絕官職，並開始撰寫自傳《智慧七柱》，講述他在阿拉伯的所做所為。從陸軍退伍的勞倫斯後來以化名加入空軍，負責海上救援工作。

死亡現場

西元一九三五年三月，希特勒經由電台向德國人民宣布恢復徵兵制以擴充軍備，預計建立三十六師，約五十萬兵力，並成立空軍，等於撕毀第一次世界大戰後所簽訂的凡爾賽合約。凡爾賽合約規定德國陸軍兵力不得超過十萬人，且不得組織空軍及擁有潛水艇。希特勒的計畫讓周邊國家感到非常不安。

英國外交部中有人提議請鼎鼎大名的勞倫斯去和希特勒談判，因為希特勒曾經讚揚過這位在中東戰場上出生入死的英雄人物。

接到消息後，勞倫斯騎車到郵局發電報。馳騁沙場多年的勞倫斯酷愛機車，非常喜歡風馳電掣的感覺，他還收藏了七輛當時速度最快的機車。多次在槍林彈雨中死裡逃生的勞倫斯，最後終於因自己的嗜好而死。警方估計事發當時的時速可能高達一百六十公里。

死亡解剖室

顱內出血有好幾種型態，包括硬腦膜上腔出血、硬腦膜下腔出血、蜘蛛膜下腔出血等，像勞倫斯這種高速車禍通常會對頭顱造成毀滅性傷害，堅硬的顱骨可能破裂，柔軟的大腦更是飽受摧殘。在高速衝擊的瞬間，大量腦組織即遭到破壞，接著多處顱內出血開始壓迫大腦，使顱內壓力迅速上升。

顱內壓升高會影響大腦的血液循環，為了維持大腦血液灌流，傷患的血壓將持續飆高。

當生命中樞腦幹受到壓迫，患者的呼吸將逐漸變得不規則，最後完全停止。

勞倫斯受傷之後，醫院立刻召集英國各地的專家前往診治，可惜當時醫師能做的事情極為有限。

難道他非死不可？

處理這類嚴重頭部外傷的患者有幾個重要的關鍵，第一步是插入氣管內管建立安全的呼吸道，否則口腔、鼻腔裡的出血、分泌物或嘔吐物可能會塞住氣管，使患者窒息。此外呼吸器的支持亦相當重要，因為顱內出血對大腦造成壓迫，患者的呼吸會變得很不規則。

接下來要用電腦斷層評估顱內出血的位置、大小，才有辦法決定手術與否，並訂出手術計畫。手術的目的是移除血塊與降低腦壓，以提升患者存活的機會。接下來的術後照顧需要靜脈輸液、抗生素等多種藥物，尿管、鼻胃管亦是缺一不可。

在勞倫斯受傷的年代，醫院裡沒有呼吸器，沒有電腦斷層，沒有抗生素，那時候神經外科手術的死亡率高達五成。無論勞倫斯是否接受手術，大概都是凶多吉少。

現代醫學行不行？

如果勞倫斯在二十一世紀發生車禍，當然會有較高的機會存活，不過，各種神經學後遺症將不可避免，諸如認知功能減退、性格改變、語言障礙、行動不便、終身臥床皆有可能，畢竟脆弱的大腦在承受衝擊的當下已經受損，人力無法修復。

談到頭部外傷，一定要趁機澄清一個天大的誤會。電影中經常會出現「把人敲昏」的橋段，被打的人會失去意識，然後在幾分鐘後悠悠醒來，甩甩頭又能生龍活虎繼續追趕跑跳碰。因為太常出現，讓大家信以為真，甚至還想如法炮製。

其實這非常危險。要曉得，倘若撞擊力道大到足以使人失去意識，極可能造成顱內出血，傷者的狀況將持續惡化，要是沒有及時接受治療，往往會以死亡收場。所以千萬不要傻傻地模仿嘗試把人敲昏，那會造成終身傷殘，甚至鬧出人命。

只要在急診室走一遭，便能見到各式各樣顱內出血的傷患，車禍、打球、鬥毆、跌倒什麼都有。咱們的頭殼雖然很硬，不過大腦真的很脆弱，任何碰撞都應該盡量避免。

安全帽的勞倫斯

這起看似平凡的交通意外，卻成了改變世界的種子。

照顧勞倫斯的醫療團隊中有位年輕醫師凱恩（Sir Hugh Cairns, 1896-1952），他相當景仰勞倫斯，在勞倫斯住院期間凱恩不停地思考：「究竟該如何治好昏迷不醒的勞倫斯？」當心目中的英雄回天乏術後，凱恩悲憤地想：「若沒發生這場車禍就好了！」

在二十世紀初期，外科尚未出現明確的次專科，畢竟那時沒有體外循環機，無法進行心臟手術，而脆弱的大腦被裝在堅硬的頭骨裡，更是難解的謎題，在當時無論診斷、治療都相當不容易。

凱恩醫師對新興的神經醫學非常著迷，於是前往美國波士頓向神經外科大師哈維・庫辛（Harvey Williams Cushing, 1869-1939）學習。經過幾年扎實的訓練後凱恩醫師回到倫敦，任職於神經科醫院。過去的外科醫師在開刀時喜歡搶時間，認為開得愈快就代表技術愈好，但凱恩醫師知道，大腦組織非常脆弱，開刀過程中造成的傷害愈小，患者愈不會出現後遺症，因此凱恩醫師總是小心翼翼地處理腦部腫瘤。打開頭顱後，凱恩醫師會注意每一個細節，希望將正常組織的傷害降到最低。抱持這種兢兢業業的小心態度，讓凱恩醫師成為世界上第一個移除聽神經瘤但沒有傷及顏面神經[1]的強者。

凱恩醫師是英國首位全職的神經外科醫師，爾後於牛津大學擔任外科教授，第二次世界大戰爆發後，他也擔任陸軍的神經外科顧問醫師。在診治許多頭部受創的傷患後，凱恩醫師想，「既然有那麼多人必須騎機車，是不是該做點什麼來保護頭部？」

現在的我們對騎車戴安全帽習以為常，不過當時的人們並沒有這樣的觀念。數千年來上戰場的士兵皆會戴上頭盔保護頭部，然而機車問世後，騎士們往往忽略了速度本身即是潛在危害，而習慣吹著風奔馳。

凱恩醫師知道，頭部受創的程度經常關係到患者的存活，如果能給頭部適當保護，應該可以避免許多傷亡。接下來，凱恩醫師需要拿出證據，才能說服大家接受自己的構想。

從軍方的統計資料，凱恩醫師發現在戰爭爆發之前，騎乘機車已經造成許多不必要的傷亡，原因可能是限制無線電通訊以及燈光管制，使騎機車傳遞訊息的士兵頻頻出事。

一九四一年凱恩醫師發表了一篇相當重要的論文[2]，他發現戰爭開始的前二十一個月，即有兩千兩百多名機車騎士或乘客死於車禍，主要死亡原因皆是頭部受創。凱恩醫師建議所有的機車騎士皆要配戴雙層安全帽，其外層堅硬圓滑，內層則是以包覆頭部的吊帶固定，如此便能吸收衝擊。

---

1 顏面神經及聽神經分別為第七對及第八對腦神經，生長部位接近，很容易在開刀中傷及彼此。

2 Hugh Cairns. Head injuries in motorcyclists: The importance of the crash helmet. Br Med J. 1941 Oct 4; 2(4213): 465–471.

凱恩醫師的建議被軍方採納，進而規定所有的士兵在騎乘機車時都要戴上安全帽。這項措施的效果非常顯著，英國士兵因機車事故死亡的人數立刻大幅下降。後來英國政府亦規定執勤員警必須配戴安全帽才能騎機車上路，接著更擴大到所有的機車騎士。

一九九一年世界衛生組織建議世界各國都應鼓勵機車、腳踏車騎士配戴安全帽。

根據愛荷華大學醫院的統計，配戴安全帽能大幅降低頭部創傷及頸椎損傷的危險，傷患較不需要使用呼吸器或加護病房，住院日數也較短。與未戴安全帽的傷患比較，可以節省超過兩萬美元的醫療費用[3]。

台灣的機車數量很多，意外事故也非常頻繁。從一九九七年六月開始規定騎乘機車需要配戴安全帽後，頭部創傷的數量大為減少，且受傷的嚴重程度較輕，患者的預後也較好[4]。若能配戴全罩式安全帽，可以獲得較好的保護效果。

如今，世界上有數十個國家立法規定騎乘機車需要配戴安全帽，鼎鼎大名的「阿拉伯的勞倫斯」或許以後還可以多一個外號叫做「安全帽的勞倫斯」。

3 Philip AF, Fangman W, Liao J, Lilienthal M, Choi K. Helmets prevent motorcycle injuries with significant economic benefits. Traffic Inj Prev. 2013;14(5):496-500.

4 Chiu WT, Kuo CY, Hung CC, Chen M. The effect of the Taiwan motorcycle helmet use law on head injuries. Am J Public Health. 2000 May; 90(5):793-6.

第8章

囚禁在軀殼裡的洋基之光——漸凍人賈里格

身手矯健的職業球員永遠是眾人目光的焦點，能讓全場屏息、歡呼、悸動不已。傳奇球星盧・賈里格（Lou Gehrig, 1903-1941）曾經連續十四年站上洋基隊的先發陣容，總共參加兩千一百三十場比賽，也贏得「洋基鐵馬」的稱號。這個紀錄延續了超過半個世紀，直到一九九五年才被打破。其實，若非一場怪病攪局，賈里格的紀錄應該可以繼續推進。

自一九二五年六月站上洋基一壘手的守備位置後，賈里格接連繳出不可思議的成績單，他拿過三次全壘打王寶座，四座最有價值球員，四個球季是美聯得分王，五個球季是美聯打點王，六個球季打擊率超過三成五，參加過七屆世界大賽，並在世界大賽中八度跑回球隊致勝分，與貝比・魯斯（Babe Ruth, 1895-1948）並列為最偉大的球員。兩人所負責的第三、第四棒，曾經是讓投手們頭痛萬分的可怕連線。不同於談吐浮誇、引人注目的魯斯，賈里格顯得低調許多而沒有成為媒體寵兒。天性害羞的賈里格，臉頰兩側有著極深的酒窩，使得笑容靦腆迷人。在隊友及球隊經理眼中，賈里格做事有條有理，值得信賴，更與洋基當時的總教練情同父子。

雖然在一九三八年的世界大賽中，賈里格仍與隊友一同橫掃芝加哥小熊抱回了冠軍獎盃，但是賈里格傳奇卻在一九三九年驟然畫下句點。

表現失常的鐵馬

堪稱超級運動員的賈里格縱橫球場多年絲毫不現老態，然而自一九三八年六月過後他的表現明顯下滑。賈里格的跑壘速度變慢，傳的球也會提前落地，隊友及教練猜測或許是經年累月出賽讓他的身體過度耗損。賈里格說：「球季中我就感到疲累。我不知道為什麼會這樣，但我就是不太跑得動。」

從一九三九年春訓起，賈里格的問題更為明顯，連要打到球都有點困難，坐在一旁的板凳球員都覺得自己可以打得比這位傳奇球星更好。直到那年春訓結束，賈里格從未擊出任何一支全壘打，隊友與球評皆嗅到了不尋常的氣息。

球季正式開打後，賈里格果真陷入前所未有的低潮，幾乎完全失去了肌力、速度與協調性，擊出的球軟弱無力，連原先最拿手的跑壘都無法勝任。甚至當對手球員擊出犧牲短打，迅速撿起滾地球的捕手都不敢先傳球，要等賈里格費力地跑回一壘壘包後，才敢將球傳往一壘。

由於賈里格過去實在表現太好了，多數球評認為賈里格應該是操勞過度，超過兩千一百多場的連續出賽讓他疲累不堪；也有人認為，賈里格果真老了，但賈里格三十五歲，其實還不到必須退休的年齡。倒是有位運動評論家點出了問題，「我覺得他身體出了毛病。我不知道這究竟是什麼病，但在觀察他認真且完美地把玩棒球這麼多年後，我知道這絕不是單純的『一再漏球』而已。」評論家說，「他判斷的擊球時機都很正確，只是似乎沒了力氣，無法流暢地完成該有的動作。」

賈里格的失常來得突然且日益惡化，球季開打一個月後，賈里格的表現持續探底，讓他一下子從頂尖球員降為棒球初級生。到了五月初，洋基隊作客底特律，賈里格走進總教練的房間，說：「讓我坐板凳吧！現在的我對洋基而言是贏得冠軍的阻礙。」與賈里格有著堅定革命情誼的總教練後來在鏡頭前老淚縱橫地說：「那是我生命中最糟糕的一天。」

賈里格當然想要知道自己的身體究竟是中了什麼魔咒，有沒有可能改善。他先求助於紐約的神經科醫師，但得不到答案。賈里格太太懷疑賈里格罹患腦瘤，於是前往明尼蘇達的梅約診所求助。那時看診的醫師回憶，他與賈里格第一次見面的狀況是這樣子：

當賈里格走進診間，我看到他走路拖著腳，然後我們握了握手，我立刻就知道出了什麼問題。因為我曾經見過我母親做出一模一樣的動作，也在我母親臉上看過一模一樣的表情。我向賈里格說了聲抱歉，步出診間，直接前往梅約醫師[1]的私人辦公室說：「天啊，他竟然罹患了肌萎縮性脊髓側索硬化症……」

1 梅約（Charles William Mayo），外科醫師，梅約診所創辦人威廉・梅約的孫子。

當然，即使醫師在一見面時就已做出診斷，賈里格依舊接受了更詳細的檢查。三十六歲生日的那一天，賈里格接到了醫師的信：

經過詳細完整的檢查後，我們判斷賈里格先生罹患了「肌萎縮性脊髓側索硬化症」。這種病變與控制運動的中樞神經系統及路徑有關，有人把此稱為慢性的小兒麻痺症。

「肌萎縮性脊髓側索硬化症」這個拗口的醫學名詞即是俗稱的「漸凍人」。醫師用「小兒麻痺」來做比喻是希望讓賈里格了解，罹患肌萎縮性脊髓側索硬化症後會讓他的肌肉逐漸無力萎縮，類似美國總統小羅斯福所罹患的小兒麻痺症。然而，為了讓球迷了解自己狀況的賈里格，透過洋基球隊將這封信公諸於世，反而意外地讓民眾誤以為「肌萎縮性脊髓側索硬化症」與當時盛行的「小兒麻痺」一般，是種會相互傳染的「流行病」。頓時棒球界耳語不斷，甚至還謠傳有幾名球員已經被賈里格傳染，謠言過了好些時日才逐漸平息。

死亡現場

洋基隊選在七月四號美國國慶日讓賈里格光榮退休，共有超過六萬一千名球迷擠入洋基球場與傳奇球星賈里格告別。紐約市長稱賈里格是「運動員及市民最極致的典範」，另一位行政長官對賈里格說：「未來棒球的新世代球員們都會將挑戰你的紀錄視為一種榮耀。」整場典禮中，與賈里格有深厚情誼的洋基總教練努力控制著自己的情緒，對著賈里格說：「你是有史以來最棒的球員、運動員與市民典範。」語畢，洋基總教練淚流滿面不能自已。

典禮的最高潮，無疑是賈里格的公開演說。賈里格維持一貫低調的作風，帶著謙虛的神情，以略為不穩的步伐慢慢走向麥克風，說：「各位球迷，你們在過去這兩個星期都聽說了關於我的壞消息。然而，今天我覺得自己是地球上最幸運的人。」聽到賈里格如此不可思議的發言，全場球迷立刻報以如雷的掌聲，賈里格繼續說著：「我在球場上奔馳了十七年，從你們身上獲得無數的愛護與鼓勵……最後，我要說，我也許得到了壞消息，但我還是受到了無比祝福。謝謝大家。」在長達兩分鐘的掌聲中，洋基鐵馬賈里格退了幾步，拿起手帕輕輕拭去臉上的英雄淚。這段演說雖然很簡短，卻是運動史上極具分量的一篇演說。隔天的《紐約時報》說這是棒球場上最感動人心的一幕，後來甚至有人將其列為二十世紀最偉大的演說之一。

洋基隊決定讓跟隨賈里格征戰多年的背號四號球衣退休，將這個背號永遠保留給他，棒球史上首度有球員獲得此項榮耀，賈里格亦迅速獲選進入棒球名人堂。然而這些榮耀並無法讓賈里格恢復肌力，他的元氣仍舊如沙漏般一點一滴地逝去。

賈里格發病之後多次與梅約診所的醫師討論病況，或與其他醫師碰面尋求更多可能的治療方法，即使是未經實驗證實的療法，賈里格均願意嘗試，他曾經接受抗組織胺以及高劑量維他命 E 的輸注，期盼這些治療可以喚回肌肉的力量，願望卻一再落空。與疾病拚鬥兩年後，賈里格在一九四一年五月逐漸進展到呼吸困難，六月二日早晨陷入昏迷，並於晚間去世。紐約市長宣布全市降半旗，悼念這位從雲端重重摔落的棒球巨星。隔年，記錄賈里格生平的電影

《洋基之光》（*The Pride of the Yankees*）上映，名列該年度十大賣座影片。賈里格罹患的「肌萎縮性脊髓側索硬化症」從此廣為人知，亦被稱為「盧・賈里格症」（Lou Gehrig's disease）。

死亡解剖室

從十九世紀初，開始有學者描述漸凍人的病徵，到了十九世紀中後期，藉由臨床觀察與屍體解剖逐漸發現問題所在。我們體內的神經細胞依照功能被分成感覺神經元、運動神經元和聯絡神經元，共同構成複雜的神經網路。位在大腦運動皮質區的神經元被稱為「上運動神經元」，能夠發出訊號啟發運動，然後經由其他神經細胞接力，傳導到屬於「下運動神經元」的脊髓運動神經分支，完成各種動作。罹患肌萎縮性脊髓側索硬化症時，體內的「上運動神經元」和「下運動神經元」都會逐漸退化，由於神經細胞萎縮壞死，患者就無法做出自主性的動作。

十九世紀的法國學者沙可（Jean-Martin Charcot, 1825-1893）對漸凍人的臨床描述在一百多年後的今日讀來仍是經典：

現在我要替大家總結一下肌萎縮性脊髓側索硬化症的症狀。

一、上肢的肌肉癱瘓無力併萎縮，但仍有感覺。肌肉會僵硬攣縮，造成永久的變形。

二、接著就會影響到下肢肌肉。短時間內病人就無法走路或站立。剛開始出現短暫性的肌肉僵直，過來就會變成持續性的肌肉僵硬攣縮。下肢肌肉萎縮的程度不會像上肢肌肉那麼嚴重。膀胱及直腸的功能不受影響。

三、在出現症狀後六個月至一年內會進入疾病的第三階段，此時上下肢的肌肉僵直萎縮將會漸形嚴重，而且連說話吞嚥等肌肉都開始無力。情況在這之後會愈來愈糟，兩三年後病人會因此死亡。這是大致上的疾病進程，但有少數患者會先腳部無力，有些只有單側的肌肉無力，有些是從說話吞嚥肌肉無力開始。

目前為止，罹患此病的預後很糟。就我所知沒有任何康復的案例，這是絕對的醫學阻礙嗎？大概只有看未來怎麼樣了。

難道他非死不可？

我們現在了解，這類型的運動神經元退化狀況可能從青春期開始，但任何年齡層都有可能發生，最常發生於四十歲到六十歲的中年人族群。當運動神經元壞死的數目超過總數一半時，肌肉無力的症狀就會愈來愈明顯。有四分之三的漸凍人患者在一開始會手或腳無力，像走路時腳抬不起來在地板上拖行；四分之一的漸凍人患者則會吞嚥困難或口齒不清。漸凍人的肌肉會抽動、僵硬，在夜晚經常疼痛不已。

肌肉無力的程度與範圍會隨著疾病持續擴大，多數患者最後都是死於呼吸衰竭或肺炎，如同賈里格一般。在法國學者描述漸凍人症狀超過百年後，罹患此病的患者從發病到死亡平均依然只有三到六年，僅有百分之四的患者會存活超過十年。像物理學家霍金這樣從發病至今已經存活超過五十年的患者其實極為少見。

現代醫學行不行？

醫學界一直想探討更深層的漸凍人病因，畢竟我們要先知道運動神經元到底是出了什麼問題，才有辦法治療。目前已證實有十多種基因變異會引發運動神經元退化，但這些案例只占所有漸凍人的十分之一而已。也就是說，醫學上仍不清楚其餘九成患者為何會發病。有學者從流行病學角度提出可能原因包含了頭部外傷、抽菸、長期處在電磁波環境、暴露於多氯聯苯、鉛、水銀等，都比較容易引發運動神經元損傷。若以職業區別的話，職業軍人、退伍軍人、醫護人員、運動員、消防員、髮型設計師及發電廠員工等較容易接觸化學分子，或是身上氧債太多的人，均屬於好發族群。於是，學者推測漸凍人的病因很可能是基因變異與後天環境交互作用所引發的。

很遺憾的是，醫學上仍然沒有找到根治這個疾病的方法。僅有一種名叫銳利得（Riluzole）的藥物或許能夠減緩運動神經元壞死的速度，替病人多爭取幾個月的存活時間，不過僅對部分患者有效。

有些藥物能減輕肌肉緊繃的疼痛，而適度的運動訓練亦能增加患者肌力。另外更重要的是，漸凍人的感覺神經元不會受到影響，患者依然能用聽覺、視覺、嗅覺、味覺、觸覺來感受世界，但卻無法行動，無法表達自己的感受，彷彿靈魂被囚禁在軀殼裡，日日夜夜承受著無止無盡的孤獨與折磨，因此這個疾病對心理層面造成的衝擊絕對不亞於生理上的困境。

絕大多數的我們不會親身經歷漸凍人的遭遇，但是我們應該可以從他們的故事中學到許多。《最後十四堂星期二的課》中的墨瑞教授即是走向生命終點的漸凍人，他告訴我們「當你學會死亡，你就學會了活」，也提醒我們「死亡，是件悲傷的事，但活得不快樂也是悲傷」。

距離賈里格於洋基球場的告別演說已過了七十五個年頭，二〇一四年社群網路上發起「冰桶挑戰」為這項不治之症籌款，並在許多名人加持下延燒全球，漸凍人再度受到關注。如果你已經熱血地從頭上淋下了一桶冰水，千萬記得要靜下來想一想，關於生命，關於死亡，還有那些我們在忙碌奔波中所遺忘卻無比重要的課題。

第9章
自殺還是他殺？——藥物成癮的麥可傑克森

二〇〇九年六月二十五日下午，龐大的流量湧入Google伺服器，讓系統以為遭到駭客攻擊，推特也因為爆量的貼文而當機。在網路上引發這波海嘯的是流行天王麥可傑克森的死訊。

消息傳出後，CNN網站在一小時內達到兩千萬的瀏覽量，麥可傑克森亦成了維基百科史上最熱門的條目，讓網站超載當機。線上購物巨擘亞馬遜網路書店的網站同樣湧入大量歌迷，不久後銷售排行榜前十五名全都被麥可傑克森的專輯攻占。

在螢幕上總是生龍活虎的麥可驟然離世，令人震驚，大家都沒料到奪走麥可性命的竟是嚴重失眠與一款常見又好用的短效麻醉藥。

藥物成癮的巨星

二〇〇九年三月麥可召開記者會，宣布要在倫敦舉行睽違十年的個人演唱會，預計從二〇〇九年七月起一口氣唱到二〇一〇年三月，總共五十場的「This Is It」。消息釋出後，全世界的歌迷簡直樂瘋了，門票開賣的四個半小時內，一百萬張門票便被搶購一空！

這時的麥可五十歲了，很擔心自己的身體狀況，於是聘了位私人醫師進駐家裡，能在準備演唱會期間隨時照顧他。孔雷·莫瑞（Conrad Robert Murray）是位與麥可熟識多年的心臟專科醫師，他同意一星期待在麥可家六天，時時刻刻照料麥可，以換取一個月十萬英鎊[1]的高額薪水。

體重六十二公斤，身高一百七十五公分的麥可，能在舞台上吼出高亢嗓音，踏著月球漫步，絲毫不像年過半百的中年人，為何會需要私人醫師隨身照顧呢？據莫瑞醫師所述，麥可長期感到疲累，感覺自己的身體一半熱、一半冷，幾乎夜夜不成眠，總是需要藥物輔助才有辦法入睡。另一方面，舞台上的麥可又得展現充足爆發力，因此偶爾會要求使用提振精神的藥物。惡性循環之下，麥可開始對藥物成癮。

在一九九六、一九九七年於德國進行「History」巡迴演唱會時，有位麻醉科醫師開始使用一種名為普洛福（propofol）的藥物幫助麥可入睡。普洛福是短效麻醉藥，在臨床上經常使用，例如無痛大腸鏡便是靠普洛福來麻醉。體驗過幾次之後，麥可認為這罐乳白色看似牛奶的普洛福非常有效，對其也愈來愈仰賴，雙手臂上的靜脈均因為注射過於頻繁而不堪使用。

這回麥可籌劃五十場演唱會，可說是挑戰生理與心理的極限，便再度要求莫瑞醫師替他注射普洛福，以求一夜好眠。因為使用藥物助眠，讓麥可在睡覺時容易尿床，所以莫瑞醫師每晚都會幫忙麥可裝上導尿管，免得尿濕床鋪。

1 這筆金額不是由麥可支付，而是由安排「This Is It」演唱會的安舒茨娛樂集團(Anschutz Entertainment Group)支付。

死亡現場

麥可演唱會的主辦單位是安舒茨娛樂集團，位於洛杉磯的湖人隊主場史坦波中心亦為旗下產業。二〇〇九年六月二十四日晚上六點半，麥可抵達史坦波中心準備排練，此時距離開幕演唱會僅剩不到三個星期。麥可帶著好心情與大家說說笑笑，於九點過後進入正式排練，一直練到半夜。

麥可回到住處時已是六月二十五日的凌晨，麥可先沖了個熱水澡，然後莫瑞醫師替受白斑症所苦的麥可全身塗滿保護皮膚的藥膏。進行治療時，麥可抱怨自己嚴重脫水又無法入眠。到了凌晨一點半，莫瑞醫師先給麥可口服鎮靜劑煩寧（Valium）十毫克，並於麥可腳上打了靜脈留置針，給予生理食鹽水補充水分。

在這之前，莫瑞醫師已經與麥可的嚴重失眠奮戰了六個星期，亦認為不該再替麥可施打他最愛的「牛奶針」，因此從兩天前開始準備以其他中樞神經抑制劑為替代藥品。由於麥可遲遲無法入睡，莫瑞醫師陸續再給了兩種鎮靜催眠藥物[2]，但麥可僅小睡了十分鐘便醒過來。

凌晨四點半，疲憊的麥可不停叨念著：「我真的需要睡覺，醫師。我一定要為演唱會做好準備。如果再不睡，我就不能又唱又跳，那就必須取消演出，你知道吧！」更責備莫瑞醫師：「那些藥都沒效你知道吧！」

每隔一段時間，莫瑞醫師就給麥可加一些鎮靜催眠藥物，但是直到太陽露臉，麥可仍舊無法入睡。麥可又焦躁又憤怒，反覆說著：「不管怎樣，你就讓我睡吧！」「我沒睡是無法上台的！」「我要取消演唱會！」這幾句話。最後，麥可再度要求施打「牛奶針」，束手無策的莫瑞醫師終於讓步，在接近上午十一點時替麥可注射了普洛福[3]。

當乳白的針劑流入麥可體內後，折磨一晚的麥可終於沉沉睡去，同樣疲憊不堪的莫瑞醫師起身離開，去化妝室整頓自己。不過，當莫瑞醫師再度走進麥可臥室時，發現麥可竟然沒了呼吸！

---

2 Loprazolam及Midazolam

3 同時還加有局部麻醉劑Iodocaine，以減輕普洛福進入血管時引發的痛感。

莫瑞醫師趕緊替麥可檢查脈搏，發現股動脈還有微弱跳動的跡象，於是開始替麥可施行心肺復甦術。五分鐘後，莫瑞醫師發現光靠自己是不夠的，準備喊其他人幫忙。偏偏情急的莫瑞醫師找不到電話，又說不出麥可家的確切住址，無法找九一一幫忙。莫瑞醫師只好離開麥可跑下樓呼救，請警衛聯絡九一一急救小組。

當救護車抵達現場，救護人員已經摸不到麥可的脈搏，僅能偵測到心臟仍有些許電氣活動，救護人員立刻替麥可插上氣管內管，並施打強心劑，然後送往急診室搶救。但是無論醫療團隊如何拚命，麥可的性命還是像斷了線的風箏，無力墜落。

二〇〇九年六月二十五日下午兩點二十六分醫師宣告麥可死亡，得年五十歲。十八分鐘後麥可的死訊在網路上掀起了驚濤駭浪。

死亡解剖室

麥可被宣告死亡後的三個小時內就被送到加州大學洛杉磯分校解剖，驗屍官發現麥可頭髮很稀疏並戴著假髮，患有白斑症的皮膚遍布大大小小、深淺不一的區塊，而左側肺部有慢性發炎，麥可體內各種殘留藥物的濃度也被採樣檢驗。兩天後麥可傑克森的家族又安排第二次私人性質的驗屍，看看能不能釐清更多問題，然而家屬拿到的第二份驗屍報告與官方報告並無太大差異。

剛開始的偵辦方向並非朝著謀殺前進，但在一個多月後，警方搜索了位於拉斯維加斯提供莫瑞醫師藥物的藥局，發現在當年四月到六月之間，該藥局總共送了兩百二十五瓶普洛福至麥可家，用量相當龐大，爾後警方陸續約談了三十位相關的醫護人員和藥師。麥可過世近兩個月後驗屍官交出五十一頁的報告，認為麥可是因為併用鎮靜劑與普洛福致死。替麥可注射普洛福的莫瑞醫師被控「非自願誤殺」。

難道他非死不可？

有位曾拒絕麥可聘僱的醫師就曾對麥可說：「你要求使用的藥物只能在醫院內使用，若沒有拿捏好劑量，可是會死人的啊！」正常狀況下，醫師會用普洛福替病人做全身麻醉，或讓病人小睡一段時間度過較難熬的治療，這時醫師一定會替患者裝上生理監測器，以監測心跳、血壓與血氧濃度。將普洛福帶回家裡且用來治療睡眠障礙，本來就是錯誤的。

莫瑞醫師不僅替麥可注射普洛福，還配上其他多種鎮靜安眠藥物，很容易帶來呼吸抑制的大災難。更慘的是，麥可家中沒有配備任何生理監測器與氧氣供給設備，這等於在沒有任何監控、維生設施之下施打致命性藥物。緊急狀況發生時，莫瑞醫師孤掌難鳴，急救過程可說是荒腔走板。

然而莫瑞醫師於法院審理期間一再辯駁，認為自己是真心在幫助麥可，也是麥可除了三名子女外，唯一一位肯視其為家人的人。莫瑞醫師說：「麥可走向人生盡頭時，內心充滿了惶恐、焦慮及悲傷，深陷其中無法自拔！」並對自己一再給與麥可鎮靜安眠藥物辯護：「麥可傑克森是個藥物成癮者，所以是麥可不小心殺死了自己！不是我！」

審判終了，莫瑞醫師被判刑四年，但是因為加州監獄過度擁擠，刑期直接減半變成兩年，莫瑞醫師已於二〇一三年年底被釋放出獄，並積極討回自己被吊銷的執業執照。

現代醫學行不行？

部分麻醉藥具有抑制呼吸、降低血壓等副作用，為了確保病人安全，醫師通常會密切監測患者的生命跡象，諸如心電圖、血壓、血氧濃度，直到完全恢復清醒為止。只要在呼吸心跳停止之前及時介入處置，暢通呼吸道並給予人工呼吸，就能避免死亡。大家要接受麻醉前，可以詢問醫師關於麻醉中及麻醉後的監測設備，以提升麻醉的安全性。

疏於監測是導致麥可死亡的重要原因，不過由此事件我們還能見到另一個攸關病人安全的問題。莫瑞醫師從午夜開始陪伴麥可，但是麥可卻遲遲無法入睡一直折騰到隔天中午。不難想像，徹夜未眠的莫瑞醫師應該也是疲憊不堪，警覺性與判斷力肯定大受影響。在這樣的狀況下施打普洛福，危險性將大幅上升。

一個人只要清醒超過十八個小時，大腦的反應、認知功能與動作協調能力均會下降，影響程度類似酒醉[4]。沒有得到充分休息的醫師極可能在不知不覺中犯下醫療錯誤，導致患者傷殘甚至死亡。為了飛航安全，我們會限制飛行員的工作時數，為了病人安全，醫師的工作時數也該受到明確規範。

假使麥可同時聘用多位私人醫師與護理師，讓醫療團隊能夠充分休息且互相支援，對他的生命安全應該更有保障。畢竟醫療工作經常需要分工合作，倘若只有一個人，遭遇緊急狀況時根本分身乏術，連求救都有困難。

良藥毒藥一線間

誕生於一九七〇年代的普洛福曾經因為導致太多患者過敏性休克而被終止

試驗，不過在更改配方解決該項問題後，普洛福成為臨床上相當常用且好用的藥物。普洛福是效果極佳的中樞神經抑制劑，注射之後幾乎可以保證讓人睡著，所以有人將普洛福這種強力麻醉藥用在鎮定安眠的用途。另外，在注射普洛福後有人會出現幻覺，降低焦慮並感到放鬆，導致部分使用者成癮。

麥可因普洛福過世後，韓國有三位女星在「非醫療用途」的情況下，使用普洛福達百次而被判刑；台灣則有位女獸醫為解決同居人失眠問題，替同居人施打普洛福，導致同居人死亡，真可說是風波不斷。

雖然普洛福是醫師相當倚重的藥物，但我們必須清楚明白「普洛福並非安眠藥」，而且須在具備生理監測器與急救設備的醫院裡才可以使用，畢竟良藥與毒藥永遠都只有一線之隔。

4 Williamson AM, Feyer AM. Moderate sleep deprivation produces impairments in cognitive and motor performance equivalent to legally prescribed levels of alcohol intoxication. Occup Environ Med 2000; 57: 649–55.

第10章 全身麻醉就會死——遺傳性惡性高熱

把鏡頭拉回一九六〇年代。

「醫師，我兒子一定要開刀嗎？」急診室內有位病患母親焦急地問著醫師。患者是澳洲某大學的學生，年紀輕輕才二十一歲，走路上學時被車撞倒，導致右側小腿脛骨骨折。

骨科醫師看著X光片，搖了搖頭道：「這骨頭斷成這樣，沒開刀是好不了的。不過請妳放心，我們一定會好好處理！」

「我媽擔心的不是手術……」躺在病床上的男大生說：「我媽擔心的是麻醉！」

「麻醉？」醫師有點意外：「不用太擔心，全身麻醉已經在全世界施行超過一百年了，你這麼年輕又沒有其他疾病，接受全身麻醉應該沒有問題。」

男大生的母親憂慮地說：「我們家族裡有種不知名的怪病，所以有些親戚接受麻醉後就死掉了。」

「真的？」醫師問道：「跟手術沒關係嗎？」

「應該沒關係，醫師說他們接受的都是小手術。」男大生母親說：「算起來已經有十個親戚在手術麻醉後就突然沒命了。」

澳洲男大生接腔：「所以我十二歲急性闌尾炎發作時，外科醫師不敢採用全身麻醉，而是在局部麻醉下幫我開刀。我姊姊也是於局部麻醉下接受闌尾切除手術。」

「十個人？全部死在小手術？」骨科醫師大吃一驚：「聽起來確實相當不尋常，我會把這些訊息傳達給麻醉科醫師。」

死亡現場

麻醉科醫師知道一個家族竟然有十人死於全身麻醉後，同樣感到不可思議，但又百思不得其解，當時的文獻上似乎不曾出現過類似的報告。

麻醉科醫師最後決定用吸入性氣體氟烷（halothane）替男大生麻醉，並接上各種監視器，隨時掌握狀況。

麻醉開始十分鐘後，各種監視器就開始發出警報。男大生的血壓急速下降到八十毫米汞柱，心跳從每分鐘一百下加快至每分鐘一百六十下。當麻醉科醫師觸碰患者時，發現他的皮膚熱得發燙，而嘴唇已經變成青紫色。麻醉科醫師趕緊關掉吸入性麻醉藥，並找來許多冰塊降低體溫，骨科醫師亦是快馬加鞭，在十分鐘內完成手術。

爾後，麻醉科醫師幾乎是將男大生泡在冰水裡，以求降低體溫，慢慢地，男大生的心跳降了下來，不再像脫韁野馬般狂奔，血壓也逐步回穩。男大生繼續昏迷了三十分鐘，最後終於恢復意識睜開眼睛。

死亡解剖室

成功救回男大生性命後，心有餘悸的麻醉科醫師靜下來思索，究竟是哪個環節出了差錯。麻醉科醫師認為，這家族的問題一定出在基因上，因此前去請教遺傳學家。遺傳學家聽完這家族的故事便深深著迷，馬上投入研究。遺傳學家先去蒐集那幾位過世親戚的手術記錄，然而其中僅有三份女性親戚的報告較為完整。這三名女性親戚的故事非常類似，都是接受小手術，手術也都很成功，不過三人皆是在轉回病房三十分鐘後出現抽搐並喪命，當時三人的年紀分別是十二、十六與三十九歲，開刀前都沒有罹患慢性疾病的病史。其中兩位女性親戚的病歷記載了與男大生類似的狀況——失控的體溫，一位親戚死亡時體溫是攝氏四十二度，另一位則高達攝氏四十三度。這樣的體溫非常不尋常，為什麼在攝氏二十度的手術房內病人的體溫會失控狂飆呢？更特別的是，患者的解剖報告都沒有發現任何異常狀況。

研究至此，遺傳學家的線索也斷了，再也找不著任何輔助的資料。毫無頭緒的遺傳學家將這段報告寫成信件投稿，於醫學期刊《刺絡針》（*Lancet*）上公布「家族性麻醉死亡事件」，希望找到有類似經驗的醫師，可惜遺傳學家沒收到任何消息。

一年過後，男大生又需要手術了！這次男大生罹患了尿路結石，而且結石卡在左側輸尿管，需要動手術才能取出。經過審慎討論評估，麻醉科醫師決定採用半身麻醉，泌尿科醫師亦啟動速戰速決開刀模式。這次男大生很幸運，手術相當順利，什麼事情都沒發生。因為這次的經驗，醫師推斷「家族性麻醉死亡事件」與「全身麻醉」有關，若採「局部麻醉」和「半身麻醉」則不會造成死亡，於是男大生後來又在半身麻醉下經歷多次尿路結石手術。

隔年，美國也出現「家族性麻醉死亡事件」，同一家庭的三位親戚均於手術麻醉後死亡，看起來與澳洲男大生的家族頗為類似。同時，加拿大醫師亦提出疑似案例。

到了一九六六年，關注「家族性麻醉死亡事件」的幾位醫師首度於加拿大多倫多舉行會議，這時的案例已累積至十三個家族，這些家族的成員接受全

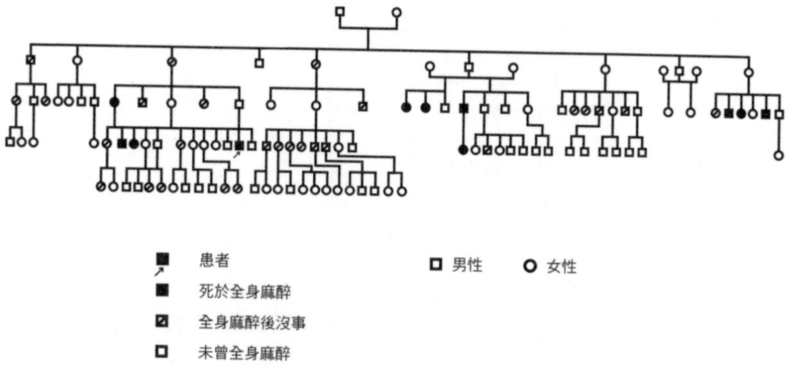

惡性高熱患者的族譜

身麻醉時死亡率非常高，大約有七成左右。與會醫師普遍同意，患者出現「體溫失控」和「肌肉僵硬」這兩點很不尋常，應是主要死因，於是將此病稱為「惡性高熱」（malignant hyperthermia）。

難道他非死不可？

經過多年探索，醫學界終於證實這些惡性高熱家族的問題出在於肌肉細胞的細胞膜，有些患者在接受麻醉後會立即出現症狀，有些則是在手術結束回到恢復室或病房才開始發作。這種顯性遺傳會改變肌肉細胞的細胞膜，所以患者吸入麻醉藥物或接受去極化肌肉鬆弛劑之後，肌肉細胞的細胞膜會門戶洞開，讓鈣離子不斷流進肌肉細胞內，使肌肉一直處在收縮的狀態。肌肉收縮會消耗許多能量，並產生大量熱量使體溫上升，患者體內代謝速度暴衝，就像火力全開的鍋爐一般必須消耗大量氧氣，於是病人呼出的二氧化碳濃度開始爬升，心跳也大幅加速。持續收縮的肌肉細胞漸漸壞死崩解，這種現象稱作「橫紋肌溶解」，大範圍肌肉壞死會釋出大量的鉀離子、磷離子、肌酸和肌酸激酶等，累積大量代謝廢物的血液會愈來愈酸，負責維持電解質平衡的腎臟在短時間內被排山倒海的廢物淹沒，造成急性腎衰竭，而高濃度的鉀離子讓心臟失控亂跳，嚴重的心律不整很快就會奪走患者的性命。

惡性高熱較好發於男性，男女的比例約是二比一，目前已知至少有六個基因與惡性高熱有關。雖然惡性高熱是顯性遺傳，但患者於日常生活中完全不受影響，必須遇上特定因子才會觸發，使鈣離子源源不絕地流進到肌肉細胞內，導致惡性高熱。最常見的觸發因子是用於全身麻醉的麻醉性氣體及去極化肌肉鬆弛劑，所以這些患者要接受全身麻醉時要特別謹慎，並需要先與醫師討論以其他藥物麻醉的可能性。

不過，千萬不要以為只有麻醉會導致惡性高熱！愈來愈多的研究證實，帶有這類基因的人若在大熱天運動，亦容易使疾病發作而喪命。一九八〇年代就有個十九歲軍人於行軍時產生熱衰竭並陷入昏迷，當時醫院測得的肛溫高達攝氏四十二度，最後的基因檢測就證實年輕軍人具有惡性高熱體質。

現代醫學行不行？

了解惡性高熱的發病原理後，大家當然會試圖找出解決辦法。由於我們無法修補基因，所以最好的方式是避免接觸某些吸入性麻醉藥及去極化肌肉鬆弛劑，並且要遠離高溫高熱的觸發環境。倘若遇上不曉得自己帶有惡性高熱而在麻醉過程中發作的患者，醫生需要立刻關掉觸發藥物，並施打目前唯一的解藥「單挫林」（Dantrolene）。

當初藥廠設計單挫林這個新型化合物時，是計畫拿來做抗生素，沒想到打進小白鼠體內後，小白鼠便鬆軟無力，軟趴趴倒地不起。進一步研究之後，發現單挫林具有直接阻擋鈣離子進入肌肉細胞、讓肌肉鬆弛的作用，剛好可以拿來對抗惡性高熱。最棒的事情是，單挫林不會影響心臟肌肉或其他內臟平滑肌肉，只會讓骨骼肌放鬆。一九八二年單挫林首度成功治療人類惡性高熱，直到今天仍是治療惡性高熱的唯一用藥。

一九七〇年代惡性高熱的死亡率超過七成，不過由於麻醉科醫師的警覺性提高，且有單挫林的幫忙，只要能在出現惡性高熱時立刻注射單挫林，便有機會阻止一場災難，如今國際上惡性高熱的死亡率已經可以降到百分之五左右。為了應付隨時可能出現的惡性高熱，美國惡性高熱協會認為，只要會用到觸發惡性高熱藥物的醫療院所皆須備有單挫林，建議存量為三十六支。

連一支都沒有？

然而大家可能不曉得，台灣大多數的醫院連一支單挫林都沒有。從麻醉醫學會網站上公布的庫存清單中可以發現，台灣四百七十餘間醫院中僅有二十餘間醫院備有單挫林。小型地區醫院也就罷了，可是規模大、手術量多的區域醫院中備有單挫林的醫院竟然也屈指可數，甚至連部分醫學中心都沒有準備單挫林。

不願意準備單挫林的主要原因當然是成本考量，因為一支單挫林新台幣五千元，保存期限又只有兩年多，所以大多數醫院抱持僥倖心理覺得只要別家醫院有就好，出了狀況再來借。

可是惡性高熱進展極為迅速，想要成功搶救那是分秒必爭，怎麼還能容許往返奔波、交通延誤。當國際期刊上的論文用碼表計時研究該如何加快泡製單挫林流程以盡快給藥時，台灣的病人竟然得等待三十分鐘甚至六十分鐘以上的車程才能取得藥物。

根據台灣麻醉學雜誌的資料，台灣惡性高熱患者的死亡率高達百分之二十八點六[1]，和國際水準相比較，有極大的改善空間。

1 Yip WH, Mingi CL, Ooi SJ, Chen SC, Chiang YY. A survey for prevention and treatment of malignant hyperthermia in Taiwan. Acta Anaesthesiol Taiwan. 2004 Sep; 42(3):147-51.

麻醉藥引起的惡性高熱雖然適用藥害救濟，但是衛服部早已發函醫療院所，若未在有效解救時間內給予單挫林將不予救濟。

惡性高熱是已知且有機會挽回的急症，大多數醫院卻基於成本考量不願意準備單挫林庫存，顯然是枉顧病人安全，並陷麻醉科醫師於潛在的醫療糾紛之中。為了省錢，把命都省掉了，這樣真的值得嗎？

第11章 開刀vs.另類療法——賈伯斯的抉擇

史蒂夫・賈伯斯（Steve Jobs, 1955-2011）是少數可與發明大王愛迪生相提並論的發明家及企業家。他於一九七七年推出世界上最早的量產型個人電腦，讓我們可以直接用滑鼠點選圖示，不需用鍵盤輸入繁複的指令，他的作品重新定義了人與機器的關係。

賈伯斯是位要求極高的領導者，對待下屬經常不留情面，被形容成像米開朗基羅般脾氣暴躁、不合群的藝術家，永遠追求完美並堅持到底。賈伯斯的堅持與固執成就了他的事業，卻也重重打擊了他的健康。賈伯斯的創新改變了這個世界，然而當他罹患癌症時，一生都站在科技尖端的他卻選擇拒絕治療，投向草藥的懷抱。

死亡現場

賈伯斯有腎臟結石的老毛病，定期會接受追蹤，以評估腎臟及輸尿管狀況。二〇〇三年十月的某個早晨，賈伯斯接受腹部電腦斷層檢查。賈伯斯是個大忙人，為了不耽誤會議進行，當天的檢查安排在上午七點半。

檢查完後，醫師赫然發現了另一個遠比結石嚴重的大問題，醫師告訴賈伯斯：「令人意外的是，你的胰臟有個陰影。你需要趕緊做胰臟的詳細檢查。」

聽到這個消息，賈伯斯當然非常震驚，他那時根本不清楚「胰臟」是個什麼樣的器官。胰臟長在哪裡？有什麼功用？跟他的腎結石有什麼關係？賈伯斯完全不懂。幾天後，賈伯斯於萬般無奈下進到醫院，醫療團隊研究過賈伯斯的電腦斷層結果後，沉重地告訴他：「你的胰臟長了顆腫瘤。一般來說胰臟癌的預後並不好，存活期可能只有三到六個月。我想，你應該要回家將該交代的事情好好地處理一下。」賈伯斯彷彿給判了死刑一般，內心想著：「這代表著，那些我本來想花十年與孩子聊的話題，現在要壓縮到幾個月內講完？」

既然在影像上發現了腫瘤，下一步就是要抽取腫瘤組織，以確定腫瘤型態。賈伯斯了解這項檢查刻不容緩，便於當天接受全身麻醉，醫師將胃鏡伸進賈伯斯的喉嚨，在定位之後抽取出少量的腫瘤組織。取得組織後，醫師立刻將檢體放在顯微鏡下判讀。看著看著，醫師竟然落下淚來。這時賈伯斯夫人正站在一旁等待醫師的診斷。

醫師臉上掛著淚痕，充滿喜悅地對賈伯斯夫人說：「謝天謝地。這不是胰臟腺癌，而是比較少見的胰臟神經內分泌腫瘤，這種腫瘤不像胰臟腺癌那麼惡性，可以用手術解決。」

拒絕手術，選擇另類療法

切除早期胰臟神經內分泌腫瘤的術式較為單純，然而，賈伯斯是虔誠的禪宗信徒，又是素食者，對主流醫學始終抱持懷疑的態度。堅持與固執讓賈伯斯決定拒絕手術治療，試圖藉著嚴格吃素、喝蔬果汁、針灸、灌腸和草藥來對抗癌症。

賈伯斯的妹妹莫那・辛普森（Mona Simpson）並不認同他的決定，力勸賈伯斯盡早接受手術治療。英特爾公司的創辦人安迪・葛洛夫是賈伯斯的朋友及精神導師，曾罹患攝護腺癌並聽從醫師建議而成功抗癌。葛洛夫告訴賈伯斯說：「吃草救不了你的癌症，你瘋了！」賈伯斯夫人同樣試著告訴賈伯斯：「身體存在的目的就是要服侍靈魂，沒那麼神聖不可侵犯。」希望賈伯斯能接受治療。

賈伯斯統統拒絕了，他覺得自己還沒準備好「身體被打開」，無論旁人提出各種科學證據，都無法讓賈伯斯接受。根據另一位賈伯斯的醫師朋友[1]所述，賈伯斯「思緒縝密」，因此花了數個月請教世界各地專家的意見，甚至向靈媒尋求醫療建議。

當然，這段時間社會大眾並不知道賈伯斯的身體出現問題。賈伯斯是蘋果公司不可取代的靈魂人物，若於此時告訴投資人賈伯斯罹癌並拒絕接受正規治療，投資人的信心可能會潰堤，因此董事會決定隱瞞賈伯斯的健康狀況。

九個月後，電腦斷層檢查證實胰臟腫瘤持續長大，賈伯斯終於決定接受手術。賈伯斯於二〇〇四年七月三十一日被送進手術房，由史丹佛腫瘤外科的權威主刀。醫師在手術中發現賈伯斯的胰臟腫瘤已經擴散，有三處肝臟轉移。

手術隔天是週日，賈伯斯發了封電子郵件給蘋果公司的員工，宣布自己的胰臟長了癌細胞，但是「這腫瘤只占每年診斷胰臟癌的百分之一，只要及時發現就可經過手術切除而完全治癒。」賈伯斯告訴員工們，自己已經接受手術並且「治好了」，他在電子郵件中預告自己會修養一陣子，預計九月恢復上班。

病情每況愈下

手術隔年，賈伯斯於史丹佛大學畢業典禮上演講，首度公開談論自己的癌症，並說「謝天謝地，我現在好了」。然而他的外貌愈來愈憔悴，健康狀況啟人疑竇，彭博新聞社甚至在二〇〇八年還一度誤發了賈伯斯的死訊。

到了二〇〇九年一月，賈伯斯發出聲明稿表示，「我的健康狀況比我原本

1 Dean Ornish，加州大學的醫學教授，長期以來提倡改變生活方式及健康飲食會讓人遠離心血管疾病。

想像的還要嚴重」，並決定離開工作崗位六個月。當時見過賈伯斯的人都對他體重下降的程度感到憂心，但賈伯斯說自己是「荷爾蒙失調」，而且說「治療營養問題的方法很簡單且直接，我已經開始嘗試營養療法」，並期待「春天結束之前能回到原本的體重」。

在這個關卡，賈伯斯究竟是刻意隱瞞病情，抑或是自我欺瞞，我們不得而知。他確實患有賀爾蒙失調，但是失調的原因是腫瘤擴散與轉移，這種胰臟神經內分泌腫瘤分泌大量的升糖素，使體內的醣類、脂肪不斷被分解，造成自我消耗。因腫瘤轉移造成的賀爾蒙失調，絕不可能靠飲食療法來改善。坦白說，這時的賈伯斯已經病得很重，還曾經飛往瑞士及荷蘭接受仍在實驗中的特殊療法。

夏天來臨時，《華爾街日報》率先披露賈伯斯接受換肝的消息，三天後田納西州曼菲斯的醫院發言人證實了這項報導，說明賈伯斯於三月底接受肝臟移植，器官來源是一位酒駕車禍的傷患。醫師表示賈伯斯是當時「等候名單上病情最嚴重的病人」，於是排在第一順位。

賈伯斯接受肝臟移植時，整個肝臟已經布滿了大大小小的轉移腫瘤，而且也有腹膜轉移。也就是說，原本位在胰臟的腫瘤已經像撒出去的種子，散播到許多地方。

到了二〇一一年，賈伯斯再度決定要「專注於健康問題上」而離開工作。這一回，曾經摒棄近代醫學的賈伯斯，又回到科技的尖端，希望用扭轉世界的力量來扭轉自己的生命。他花了十萬美金讓自己與癌細胞的基因組解碼，成為全世界前二十位讓自己與腫瘤基因解碼的人之一。這種做法非常新穎，目的是要讓醫師依據解碼內容選擇抗癌藥物。當時賈伯斯的醫療團隊是由來自史丹佛、約翰霍普金斯、哈佛及麻省理工學院等頂尖機構的專家組成，共同替賈伯斯量身打造個人化醫療。賈伯斯對這樣的技術充滿信心，還曾豪氣萬丈地表示，他將是「第一個逃脫癌症或是最後一個因癌症而死」的人。

可惜經由基因解碼所打造的個人化醫療沒有什麼效果，賈伯斯終於在二〇一一年十月五日下午三點與世長辭。死前六個星期，賈伯斯正式辭掉蘋果公司執行長的職務。

死亡解剖室

胰臟是個橫臥在後腹腔，柔軟、細長的腺體器官，周遭有許多重要的動脈與靜脈經過。胰臟的功能就是分泌，而且同時具有外分泌與內分泌。外分泌腺體負責製造「胰液」排入十二指腸，可以消化醣類、脂肪及蛋白質，是人體相當重要的消化液。分布在胰臟內不規則的細胞群稱為「胰島細胞」，負責內分泌功能，可以製造胰島素、昇糖素、胃泌素等激素，調節血糖和其它荷爾蒙。

一般來說，惡性度很高的胰臟腺癌起源於負責外分泌、製造消化液的腺體細胞，縱使接受手術切除及後續化學治療，預後依然很差，五年存活率只有百分之五。由於這類胰臟癌比較常見，所以醫師一開始會告訴賈伯斯「存活期可能只有三到六個月」。

至於胰臟神經內分泌腫瘤[2]則是分泌胰島素及其他荷爾蒙的「胰島細胞」出了問題。因為胰島細胞可以分泌多種不同的荷爾蒙，所以神經內分泌腫瘤只能算是個總稱，患者可能出現不同的內分泌失衡。如果是由分泌胰島素的細胞長出腫瘤，那就會分泌出過多的胰島素，造成血糖過低。假使腫瘤分泌出過多的胃激素，則會讓胃部出現潰瘍。萬一腫瘤持續分泌昇糖素，那麼病人的血糖就會居高不下。

現在醫學已經證實抽菸、胰臟炎、糖尿病是罹患胰臟腺癌的危險因子，但還沒能確立罹患胰臟神經內分泌腫瘤的危險因子，僅知道約百分之五的患者與遺傳有關。

難道他非死不可？

賈伯斯病逝後，不少人就他的健康狀況評論，覺得這算是「聰明人做蠢決定」的範例。畢竟賈伯斯是於例行檢查中意外發現胰臟腫瘤，代表腫瘤尚未產生任何症狀，倘若能在腫瘤未擴散之際就切除，預後狀況應該會不錯，甚至有

2 神經內分泌腫瘤只有三分之一長在胰臟，其餘三分之二長在小腸、闌尾等身體其他部位。

機會存活超過十年。

第一次替賈伯斯開刀的醫師曾於醫學期刊中強調：「針對胰臟神經內分泌腫瘤，手術是唯一可能治癒的方法[3]。」有位哈佛研究員[4]公開表示：「賈伯斯的選擇是他早逝的原因。」還有其他人認為：「賈伯斯放著可以開刀治療的癌症不處理，卻相信另類醫療的功效，最後就像自殺一般賠上自己的性命。」

現代醫學行不行？

罹患胰臟神經內分泌腫瘤的病人數雖然遠小於罹患胰臟腺癌的人數，但是近年來亦有上升的趨勢。好消息是，胰臟神經內分泌腫瘤的預後比胰臟腺癌好上許多，五年存活率可以達到百分之六十，若能在第一時間以手術切除腫瘤，為數不少的患者可以存活超過十年。

賈伯斯的遺孀禁止所有了解實際病情的醫師吐露更多細節，因此我們無法確定剛發現問題時，賈伯斯的胰臟腫瘤到底多大，長在胰臟的哪個位置。只能說，若醫師當時會因為證實是神經內分泌腫瘤而喜極而泣，並極力建議賈伯斯接受手術，那應該是有機會扭轉命運的時間點。

當然，要不要接受醫師的建議是賈伯斯與每位病人的權利，而且像賈伯斯這樣，選擇「拒絕手術、尋求食療」的狀況相當普遍，根據統計，得知癌症診斷之後有接近一半的患者會尋求替代療法，試圖用宗教、草藥、針灸、食療等各種方式來取代正規醫療。尤其是沒有任何症狀，意外發現腫瘤的患者最常做出這樣的決定。像賈伯斯這樣精明又富有的患者，肯定諮詢過許多專家，不過最終還是做出了「拒絕手術治療」的決定，直到九個月後健康狀況惡化，腫瘤變大且發生轉移才接受手術切除腫瘤。對於賈伯斯，對於科技迷來說都是莫大的遺憾。

賈伯斯常說，蘋果的產品結合了「科技」與「人文」，因而能夠與眾不

3 Norton JA. Surgery for primary pancreatic neuroendocrine tumors. J Gastrointest Surg. 2006 Mar;10(3):327-31.

4 Ramzi Amri

同。其實醫療也是如此，當科技突飛猛進的時候，該如何貼近人心便成了重要的課題，無論醫療再先進，若不被患者接受恐怕也只是枉然。

賈伯斯在生命後期經常幻想讀史丹佛大學的兒子里德能夠成為醫師，研究基因定序及遺傳標記等生物科技，突破癌症治療的困境。然而身在局裡的賈伯斯也許沒有體認到，**醫療上最大的困境，永遠是人心**。

第12章 皇族的悲劇——血流不止的英國王子

十九世紀的英國維多利亞女王與夫婿感情和睦，總共生下九位小孩。即使生產經驗豐富，但是撕裂性的生產痛仍讓女王心有餘悸，因此到了第八次生產時，女王不顧諸位醫師與主教的反對，選擇使用新興的麻醉劑「哥羅芳」，於西元一八五三年生下她第八個小孩。女王選用她敬重的舅舅，時任比利時國王的利奧波德一世之名替新生兒命名。

利奧波德王子剛出生時與其他小孩一樣健康，但在開始學走路後，御醫就發現事情不太對勁。好動的小朋友跑步跌倒可說是稀鬆平常，但利奧波德王子只要稍微跌跤，膝關節便會又腫又痛持續好多天，連走路都有困難。

死亡現場

有次利奧波德王子在跑跑跳跳時，不小心摔了個倒栽蔥，使臉上腫了一大包血腫。這一大包血腫維持了一個多星期，讓維多利亞女王非常憂心，忍不住詢問御醫：「為什麼王子臉上的瘀青經過這麼久都沒有改善呢？這與哥羅芳有關係嗎？」

「報告女王，王子殿下的疾病與哥羅芳沒有關係。」御醫回答：「但王子身體顯然很容易出血，這點並不尋常，我們還需要多加觀察，請陛下先別擔憂。」

利奧波德王子從小便聰穎好學，時常與大人們機智問答，很得女王歡心，也更加關切王子的健康問題。

利奧波德王子於八歲時得了痲疹，之後便出現血尿，亦經常流出鼻血。當時沒有任何藥物能夠解決流血不止的問題，群醫束手無策，女王便決定將利奧波德王子送往法國坎城療養，希望法國南部的溫暖氣候能讓孩子恢復健康。此後這間位於坎城的飯店便打著「女王給孩子的特選飯店」名號大肆宣傳。

隔年，利奧波德王子前往德國旅行，途中不小心被筆尖戳到上顎，立刻流血不止，男僕替他壓迫止血，但是只要一放手血液就會不停地流出來。最後只能從柏林緊急找來外科醫師，燒灼傷口後才控制住流血不止的局面。這次事件讓媒體嗅到了不尋常，德國當地的報紙刊出新聞，標題寫著「王子似乎不太健康」。

利奧波德王子成長的一八六〇年代媒體業正蓬勃發展，光是倫敦地區的報業就成長了十倍，皇室的一舉一動自然備受關注，皇室成員去哪裡參訪，搭乘馬車經過哪座公園，與什麼樣的人握手寒暄，都能刺激報紙銷量。當然，皇室也會嚴格管制與皇室有關的消息，他們認為，適度揭露一些小病小痛能夠博得民眾的認同。當時的報紙就曾經拿「公主扭傷腳」這種消息來大做文章，哪位醫師替公主診治，目前恢復到什麼程度，需不需要拄拐杖，便這樣鉅細靡遺地被報了兩個月。

利奧波德王子的毛病能不能見報呢？當然不行。由於御醫完全搞不懂王子究竟得了什麼病，到底是血液的問題或是血管的問題都沒人曉得，倘若登上新聞恐怕只會橫生枝節，讓蜚短流長四處流竄，對皇室形象大大有害。

在皇室嚴格控管之下，首度提及利奧波德王子病情的並非報紙，而是一八六八年的《英國醫學雜誌》（*British Medical Journal*），文章披露王子有「容易出血的傾向」，爾後著名醫學期刊《刺絡針》再度點出利奧波德王子患有「出血性疾病」。這時王子的健康狀況著實令人擔憂，有時會癲癇發作，有時又會腹痛如絞，拉出帶有鮮血的糞便。醫學期刊證實王子容易出血後，《倫敦時報》就寫出了「王子很可能會失血至死」這類報導。一時間，這種默默無名、沒人理解的出血性疾病便成茶餘飯後的共同話題。

利奧波德王子就讀牛津大學時，常常因為出血問題造成關節、肌肉腫脹而無法行走，痛苦的程度愈演愈烈，需要大量嗎啡止痛，甚至還需要使用哥羅芳麻醉才能度過難熬的臥床時期。自從臥床的王子於公眾場合消失後，報紙的深入報導愈來愈多，挑明「王子生了重病」，並直言「這就是遺傳！」

利奧波德王子成年後，按照原定計劃娶妻生子，雖然一度因為出血導致腳傷無法行走，不過後來仍在一八八二年拄著拐杖走進教堂。不久後，王子妃生下一位健康女娃且再度懷孕，但是看似幸福的利奧波德王子健康狀況卻愈來愈差，為了躲避英國寒冷的冬天，王子留下懷孕的妻子前往法國坎城，沒想到這一走便成了永別。王子在坎城的住所裡跌倒撞到了頭，顱內出血奪走他的性命，年僅三十歲。

利奧波德王子的死讓女王傷痛欲絕，認定王子是「親愛的兒子們中最親的一個」。

死亡解剖室

王子仍在世時，御醫們追查出王子的狀況與一八〇三年一份美國醫學報告頗為相似。當時美國醫師約翰·奧圖發現，有幾個家族似乎帶有「遺傳性出血疾病」，家族裡的女孩都很健康，但男生很容易因為小傷而流血致死，通常都活不到成年[1]。至於順利長大的健康女孩在結婚生子後，又會產下容易出血的男孩。

這樣的觀察發表之後，英國、德國等地也都注意到類似的狀況，利奧波德王子的隨身醫師更是不遺餘力地追蹤這類型的家族，總共研究了九十八個容易出血的家族，並於一八七二年出版一本專書詳細探討此種怪病[2]，他長期投入研究並試著告訴大家，「這種出血疾病起源於家族遺傳，看似健康的女性結婚後又會生出罹患出血怪病的兒子，所以這家族的人最好都不要結婚」。

不過，即使見到利奧波德王子受到出血性疾病折磨，維多利亞女王並沒有理會醫師的警告，仍舊將公主們送往不同國家聯姻，成為「歐洲的祖母」。後來果真應驗了醫師的預測，健康的愛麗絲公主和碧翠絲公主均產下容易流血不止的男孩，公主們的健康女兒又再生出罹病的男孩。算一算，維多利亞女王總共有一個兒子、三個孫子及六個曾孫患有出血性疾病。隨著罹患怪病的男孩愈來愈多，被稱為「皇家疾病」的遺傳型態愈趨明朗，這個難纏的「皇家疾病」正是血友病。

難道他非死不可？

血友病患者在剛出生時不一定有症狀，通常是意外受傷或接受包皮手術時才發現問題。由於凝血功能異常，患者從頭到腳從裡到外都可能流血不止，無論是肌肉、關節、皮膚或黏膜都會受到影響。日常生活中的小碰撞可能讓微血管破裂，在凝血功能正常的人身上僅會留下小塊瘀青，不過在血友病患者身上則會演變成大片血腫，造成劇烈疼痛並嚴重影響活動。牙齦、腸胃道持續出血將導致嚴重貧血。如果受傷出血更可能一發不可收拾。

在利奧波德王子的年代已有醫師會替患者輸血，不過難度很高而且非常危險。一方面人類尚未發現抗凝血劑，離開人體的血液很快就會凝固，根本無法保存，必須在抽出血液的同時輸血。另一方面，人類尚未發現血型的存在，貿

1 J. C. Otto, An Account of a Hemorrhagic Disposition Existing in Certain Families, Med. Phys. J., 1808, 20, 69.

2 J. Legg, A Treatise on Haemophilia (London: H.K. Lewis, 1872).

然輸血可能因為血型不相容而溶血，甚至死亡。

由於失去正常凝血功能，成長過程中的許多小意外對血友病患者來說皆非常致命。

現代醫學行不行？

身在二十一世紀的血友病患者較為幸運，不再只是消極地等待死亡。如今我們已經曉得血友病患者的出血與血管形狀、強度無關，而是血液裡頭缺少了某種凝血因子。甲型血友病（Haemophilia A）患者缺乏第八凝血因子，乙型血友病（Haemophilia B）患者則缺乏第九凝血因子，因此一旦受傷出血，血液便無法啟動正常的凝血機制，使患者流血不止。血友病發生率並不算高，大概是每五萬個新生男孩中會有五個甲型血友病患者及一個乙型血友病患者。

由於負責製造第八與第九凝血因子的基因皆位在性染色體 X 上，會不會發病與性別大有關係，所以被稱為「性聯遺傳」。

因為男性只有一條來自母親的X染色體，當X染色體有缺陷時，便無法製造凝血因子而流血不止。至於擁有兩條X染色體的女性，除非兩條染色體都有缺陷，否則便不會發病。如此一來，帶有血友病基因的女性自己雖然沒有症狀，卻可能產下生病的男孩。

維多利亞女王應該具有一條帶著缺陷的X染色體，所以會產下的健康的公主與生病的王子。而遺傳到缺陷X染色體的公主，又再產下罹患血友病的男孩。

既然知道缺乏哪些凝血因子，便能嘗試給予補充，用新鮮冰凍血漿、冷凍沉澱品、濃縮或基因工程製造的第八、第九因子等皆可控制出血的狀況，使失血過多不再是導致患者喪命的主要原因。

女王的血友病基因從何來？

談到這裡，好事之徒免不了要嚼嚼舌根。為什麼維多利亞女王會帶有血友病基因呢？翻開女王的族譜，好像沒有其他祖先罹患血友病啊？

最八卦的想像莫過於，「維多利亞女王是個私生女，而真實的生父恰好是血友病患者！」雖然這種戲劇化的故事情節既聳動又吸睛，不過歷史上並沒有任何證據顯示女王的母親曾經有過這麼一段風流韻事，況且從科學的角度來看，基因本來就有可能發生突變，臨床上約有三分之一的血友病患者找不到家族史。尤其當父親年紀愈大，基因突變的機會就愈高，愛德華親王生下維多利亞時已經超過五十歲，很可能便是這樣才讓女王得到了致病的基因。

第13章 殺人於無形的射線——居禮夫婦的世紀發現

一九〇六年四月十九日下午，有位男子拖著行動不便的雙腳走在巴黎街頭。天空下著雨，泥濘濕滑的路面讓他更加吃力。就在經過十字路口時，一架滿載貨物的馬車經過，讓原本就重心不穩的他跌了一跤，正好摔在兩匹馬之間。男子的頭顱被車輪輾過，當場命喪黃泉。

這位男子是舉世聞名的科學家，名字叫做皮耶·居禮（Pierre Curie, 1859-1906）。消息傳回家中，居禮夫人悲痛欲絕。

來自波蘭的窮女孩

出生於波蘭的居禮夫人原名瑪麗亞·斯克沃多夫斯卡（Marie Skłodowska, 1867-1934），移居法國巴黎後才將名字「瑪麗亞」改成同義的「瑪麗」。

當時波蘭政局是由俄羅斯、普魯士和奧地利共同把持，瑪麗住在俄羅斯控管的華沙。由於俄羅斯剝奪波蘭學生學習物理與化學的權力，瑪麗的父親無法繼續教書，家計也陷入困境。遭到高壓統治的波蘭人民生活非常困苦，使瑪麗原本堅強的母親變得意志消沉，與瑪麗的大姊相繼死於肺結核及傷寒。

日子雖然艱難，瑪麗家的孩子依然勤奮好學，四個孩子中只有三姊是以第二名的成績畢業，大哥、二姊和瑪麗都是第一名，排行最小的瑪麗甚至獲得全校最佳學生金牌獎。不過當時歐洲女性接受教育通常到十四歲左右，之後得回到家中學做家事，等著嫁人、生小孩，在俄羅斯控制下的波蘭甚至不允許女性進入大學。然而瑪麗不願就此放棄，渴望能夠繼續研究學問。於是瑪麗與二姊偷偷加入了隱形大學——「會飛的大學」，這所學校專門為波蘭年輕人提供祕密課程。

為了逃離命運的禁錮，瑪麗決定去擔任家庭教師，以賺錢支持二姊前往巴黎學醫。等到二姊畢業、成為正式醫師後，再將瑪麗接去巴黎念書。

一八九一年，瑪麗帶著僅有的四十盧布前往巴黎，二十四歲的她終於如願成了大學生。初至巴黎的瑪麗必須勤練法文，還得趕上學校進度，幾乎所有時間都花在課堂、實驗室與圖書館中。貧窮的瑪麗經常買不起煤炭，寒冷冬夜裡只能將所有的衣物堆到床上，再躲進衣物堆中取暖。不僅買不起煤炭，瑪麗也常常付不出買麵包的錢，一度因為太久沒進食而在圖書館昏倒，得到消息的姊姊、姊夫連忙趕來將瑪麗帶到住處好好餵食。

一八九四年，在二姊友人的介紹下瑪麗認識了皮耶．居禮。皮耶於二十一歲時就與哥哥一起發現壓電效應，日後的超音波、電視機、石英錶等發明皆和壓電效應有關。皮耶還發明過幾項擁有專利的精密儀器，在法國科學界占有一席之地。

認識瑪麗時的皮耶已經三十四歲，但還未婚，他總是擔心自己在陷入愛情後會荒廢研究，所以非常謹慎。然而皮耶在遇上瑪麗後，知道自己遇到了一位「天才女子」，於是把握機會熱烈追求。兩人在一八九五年完婚，攜手走在探索科學的路上。

找出新元素

一八九六年，物理學家貝克勒（Henri Becquerel, 1852-1908）發現鈾能隔著厚紙板讓底片感光，證明某些特殊物質能夠發出這種射線。

生下大女兒伊蓮娜（Irène Joliot-Curie, 1897-1956）後，瑪麗開始將研究重心放在這種神奇的射線上。瑪麗有種預感，放射活性應是起源於原子的性質，而且，除了鈾之外，應該還有其他物質同樣擁有放射活性。

運用居禮先生所發明的「壓電石英天平」，瑪麗對許多礦物進行檢測，她發現瀝青鈾礦具有比鈾化合物或釷化合物更強的放射活性，她推論瀝青鈾礦裡面一定還有其他具有放射活性的元素，而且這種元素應該不在已知的元素週期表中，是全新的元素。

選定目標後，瑪麗開始拿工廠提煉鈾礦剩餘的殘渣來做研究。他們請工人將一大桶一大桶材料運到實驗室，然後瑪麗會攪拌好幾公噸的瀝青，再用五十倍的水量沖洗，再進行蒸餾提煉，過程是極為辛苦的「粗活」。

瑪麗反覆蒸餾瀝青鈾礦，只要每多一次蒸餾，放射活性就會增強。原先放射活性比鈾強十七倍的材料，在兩個星期後已經比鈾強一百五十倍，接著甚至達到三百倍。瑪麗果然找到了新元素！

欣喜的瑪麗為了紀念自己的祖國波蘭，於是將這個新元素命名為代號 Po 的釙（Polonium）。瑪麗沒花太多少時間慶賀自己的成就，而是繼續攪拌著一大桶一大桶的瀝青鈾礦，反覆蒸餾。幾個月後，放射活性比鈾強九百倍的物質出現了！

由於放射活性之高前所未見，瑪麗決定選用拉丁文中代表「射線」之意的 Radius 替新元素命名，也就是我們現在熟知的「鐳」（Radium），元素週期表上的第八十八號元素。

瑪麗從開始攪拌瀝青鈾礦，花不到一年的時間，就以「測量放射活性」這種全新的方法找出兩種新元素，並開啟一門改變人類的科學。

發表論文時的瑪麗既沒有名氣，又是個女生，根本不被其他的科學家放在眼裡。但是瑪麗並不氣餒，於隔年完成博士論文答辯，成為法國史上第一位女博士。

不難想像，瑪麗為了分離出「鐳」，每天都得花很長的時間待在實驗室裡工作。然而，你可能想像不到這個改變世界的實驗室長什麼模樣。來瞧瞧瑪麗自己寫下的描述：「校方給我們的實驗室是間廢棄的大體解剖室。玻璃天花板不能擋雨，夏天讓我們熱到快窒息，冬天又讓人冷到直打哆嗦。」

孕育出諾貝爾獎的實驗室竟是間廢棄漏水曾經擺滿屍體的大體實驗室。自從女兒伊蓮娜來過這間像廢棄倉庫的實驗室後，就覺得這是個「很悲傷、很悲傷」的地方。

雖然環境如何惡劣，瑪麗還是展現出無人能及的意志力，長時間與瀝青為伍，經過數千次的化學處理及蒸餾後，試管內鐳的濃度愈來愈高。居禮夫婦發現這些試管會在夜裡發出微光，黑暗中的微光讓皮耶及瑪麗深深著迷，還會隨身攜帶裝有溴化鐳的試管。

能量狂潮

居禮夫婦贏得諾貝爾獎後聲名遠播，他們期待鐳所蘊含的巨大能量能替人類帶來好處，也許可以對抗癌症或其他疾病。這當然需要更深入的研究，但是商人們迫不及待要從中獲利，於是立刻推出各式各樣的含鐳商品，將放射線包裝成無所不能的神奇能量。

不難想像，在諾貝爾獎的加持下，這種「持續散發能量的天然礦石」對人們有多麼強大的吸引力。既然不受專利限制，含鐳商品便如雨後春筍般在世界各地冒了出來。

過沒多久，含鐳商品的市場大爆發，無論是吃的、用的，廠商們皆絞盡腦汁要跟鐳沾上邊。

覺得收成不夠好嗎？廣告說，含鐳的肥料會讓收成加倍喔！

怕孩子吃甜食不健康嗎？廣告說，來點含鐳的汽水及糖果，讓孩子精力充沛，頭好壯壯！

想要有個清新的早晨嗎？廣告說，只要起床後吸上幾口「鐳吸入器」，就會體驗到「一日之計在於晨」的奧義。這罐「鐳吸入器」全家人都能用，還能幫你補血強身！

若打算無時無刻都沐浴在能量光環中，廠商會介紹你買個「鐳水瓶」，只要在睡覺前加滿水，隔天就有「能量水」可以喝，這種能量水能夠治療氣喘、痛風、關節炎、心臟病等各種疾病。懶得自己製作能量水的人，也可以直接購買瓶裝的「能量水」及「健康飲料」，隨時隨地「補充能量」。

當然，商人們很清楚，只要標榜能量、重生，就是美容保養品的不敗保證。含鐳的活力面霜和化妝品讓女人們相信肌膚會Q彈緊實美麗無限，當時的沙龍更推出含鐳的美容療程。有趣的是，當年亦有人打著「居禮醫師」的名號大肆宣傳，與現在幾乎是如出一轍！

看到這裡，你可能會猜想，該不會有人用鐳來壯陽吧。沒錯，真的有！為了強化男性雄風，廠商推出「含鐳內著」，將鐳放在陰囊旁，宣稱可以將能量灌入睪丸以強精壯陽。除此之外男士們還可以選擇含鐳保險套、含鐳刮鬍刀、含鐳雪茄、含鐳鞋油等，應有盡有。

鐳的出現成了自然界能量釋放的代表，滿足了人類擁有無窮力量的想望，也順利被商人轉化成勢不可擋的需求。任何產品只要含著微量的鐳，就像是萬靈丹般令人著迷。隨著這股狂熱席捲全世界，鐳的身價狂飆到難以想像的境界，當年一公克鐳的價格超過今日的十一萬美元。貴族、富豪們爭相搶購，並隨身攜帶玻璃小瓶子，即使裡面僅裝著那麼一丁點溴化鐳，也夠讓人炫富的了。

過去被棄置於森林裡的瀝青鈾礦渣，頓時變得炙手可熱，奧地利政府一度想要壟斷整個市場。然而，地大物博的美國很快就挖到瀝青鈾礦，鐳產量迅速超越了歐洲。

這股另人瞠目結舌的能量狂潮持續了四十年之久，讓廠商們賺進大把鈔票。諷刺的是，提煉出鐳的居禮夫婦仍在金錢與貧窮間掙扎。

死亡現場

如今，我們已經曉得輻射線可能對人體危害，所以這些被奉為絕妙好物的「能量商品」其實在不知不覺中害了很多人，而日夜與鐳為伍的居禮夫婦更是首當其衝。

居禮夫婦與其他巴黎人一樣，習慣在夏天逃離巴黎前往海邊度假。曾經他們兩人是能騎著腳踏車度蜜月的運動健將，不過到了後來皮耶連在沙灘上行走都有困難，可能是腿部疼痛不已，或是無法保持平衡。

即使商人大肆宣傳鐳會帶給人體能量，但長期接觸鐳的皮耶，健康狀況卻愈變愈糟，經常抱怨這裡痛那裡痛，還因為嚴重背痛而無法入睡。鐳沒有替皮耶帶來活力，反而讓他衰弱疲倦，走路亦變得一拐一拐，對於工作愈來愈力不從心，甚至連自己換個衣服都有困難。

皮耶生病了，這是任誰都看得出來的事實，不過縱使皮耶的父親是位醫師，卻完全搞不懂自己的兒子究竟患了什麼病，其他醫師亦對皮耶日益惡化的怪病感到不解。皮耶沒想太多，仍舊強迫自己每天進實驗室，把心思投人研究，希望靠著工作忘卻病痛，直到那場車禍奪走了他的生命。

皮耶的死被認定為一樁意外，沒有人將他的怪病與放射線聯想在一塊兒，市面上對於鐳的狂熱依舊沸沸揚揚。瑪麗持續引領與放射線相關的研究，並於一九一〇年發表《論輻射》一書，裡頭有許多探討輻射的篇章至今仍是經典。不過，瑪麗沒有發現輻射會對人體造成深遠的影響，更是奪走皮耶性命的真凶。

相繼死去的鐳女孩

一次大戰結束後，瑪麗全心投入研究，她曾多次與醫師合作，測試鐳對不同疾病的療效，可惜最後都宣告失敗。雖然多數人依然相信放射線可以強身治病，但在一九二〇年代，鐳研究所內出現了不尋常的怪病，一位三十五歲的工作人員死於嚴重貧血，一位四十一歲的工作人員死於白血病，而其他地區長期暴露於放射線的醫師也罹患了怪異的疾病。至此，開始有人對「自然界的能量釋放」提出疑慮。不過，輻射對健康的傷害仍未受到正視，亦不清楚該使用怎麼樣的防護措施，像在鐳研究所內，幾乎可說是沒有防護措施，只有簡單的金屬屏障防止輻射直接照射。

更大規模的輻射傷害發生在美國，當時放射性商品大行其道，有間公司聘請了大約四千名的女工，專門替手錶表面塗上含鐳的顏料，好讓數字可以在黑暗中發出光芒。

這些女工都很年輕，年紀最小的是十五歲，每個星期需要工作五個全天加上一個半天，工作時她們都與稀釋六十萬倍的鐳顏料為伍。為了畫出漂亮的數字，女工們習慣用嘴唇或舌頭舔順筆刷。出於新奇，有人還會刻意將鐳顏料塗在頭髮、牙齒或指甲上。不久後，這些女工開始生病，許多人的牙齒脫落，下顎出現難以癒合的傷口，短短三年內便有十五個女孩死亡。僥倖活下來的女工也不好受，她們年紀輕輕卻舉步維艱，而且很容易骨折，經常需要拐杖才能站立。不過，公司依然宣稱沒有證據顯示鐳會危害健康。後來，有些鐳女孩（Radium Girls）提起訴訟，勇敢地對抗財大氣粗的企業，但是無論多少賠償都已換不回他們的性命。

另外一個聳動的案例是位百萬富豪，他原本是高爾夫球冠軍，身強體壯。為了提神顧身體，他經常飲用含鐳飲料，結果越喝越虛弱，最後瘦得像根竹竿，且上下顎潰爛，死時面目全非。

輻射的獻祭

隨著相關報導變多，社會大眾開始出現「反鐳」的聲浪，擔心放射線會對身體造成傷害。為此，廠商們總會把瑪麗搬出來當無敵擋箭牌，他們總是說：「這世界上有誰接觸的鐳比居禮夫人還多呢？她不是活得好好的？」

其實不然，瑪麗的健康狀況持續惡化，身體非常虛弱，經常有氣無力，臉色蒼白得像張紙一般，雙眼近乎失明，可是醫師卻完全不曉得問題所在，當然也無從治療。因為長期接觸鐳，瑪麗的手指已經灼傷麻痺，有時候傷口還會流出膿水。

後來，大女兒伊蓮娜接掌瑪麗的位置，成為鐳研究所的所長，接手後續的研究。瑪麗則在小女兒伊芙（Ève Denise Curie Labouisse, 1904-2007）的陪伴之下，前往白朗峰附近的療養院休養。一九三四年的夏天，瑪麗高燒不斷，也被診斷為「再生不良性貧血」，如今我們曉得這是因為過量的放射線摧毀了骨髓，使骨髓失去造血的能力。最後，瑪麗在高燒與昏迷中停止了心跳，享年六十七歲。

我們永遠不會曉得，經年累月研究鐳的瑪麗究竟承受了多少輻射，但是瑪麗留下來的衣服、食譜、日記、實驗記錄等日常用品，即使經過了一世紀仍有輻射殘留，想要閱讀的人還得做好防護呢！

居禮一家解開了許多關於輻射的奧祕，帶領人類進入嶄新的世界，不過卻也接二連三的犧牲了性命。他們的大女兒伊蓮娜從十七歲在戰場上操作 X 光機開始，就不斷暴露於過量的輻射線。一九五六年伊蓮娜開始發燒，體重迅速掉落，三個月內即死於白血病，享年五十九歲，她的死當然與輻射脫不了干係。

在伊蓮娜生病時，夫婿朱利歐也已經虛弱到無法探病了，當時的醫師一直找不出原因，也無從治療，甚至還以為朱利歐會比愛妻先走一步。伊蓮娜過世幾個月後的某一天，朱利歐突然大吐血，經歷手術及大量輸血仍不見起色，享年五十八歲，死因為鐳和釙中毒引發的肝硬化。

二十世紀中葉，人們開始管制各種類型的放射線，不過已有無數研究人員付出了生命的代價。

死亡解剖室

現在的我們曉得輻射對於人體的傷害是全面性而且可以累積，若暴露大量輻射使造血系統遭到破壞時，患者會出現貧血、血小板低下、白血球低下，進而併發流血不止、敗血症等問題；當消化系統被破壞時患者會出現嘔吐、腹瀉、血便等症狀。

計算輻射劑量是以「西弗」（sievert，縮寫 Sv）為單位，一西弗等於一千毫西弗。當人體承受七百毫西弗的輻射劑量時，會出現噁心嘔吐，並在兩、三個星期內開始掉髮；承受三千毫西弗的輻射劑量時，死亡率會達到五成；若承受一萬毫西弗的輻射劑量，患者幾乎都會在幾天到幾周內死亡。

難道他們非死不可？

居禮夫婦的死亡完全無法避免，從研究初期，他們便持續暴露在輻射線中，輻射傷害也持續累積，在不知不覺中摧毀各種生理機能，最終以不同的形式帶來死亡，他們付出生命替人類換得自然界的巨大祕密。

至於其他死於輻射傷害的人們，則可說是瘋狂鬧劇的犧牲者。這種前所未見的神祕能量讓世人趨之若鶩，無數人的貪婪、慾望、話術共同成就了延續多年的輻射浪潮。

我們該從中學到一個教訓，那就是任何宣稱療效、回春的東西都該經過嚴謹的驗證，否則可能落入「偽科學」、「偽醫學」的圈套，非但得不到好處，還可能傷身害命。

現代醫學行不行？

現代的醫學已進步許多，但仍無法逆轉輻射造成的傷害，所以最佳辦法就是做好防護。短短幾十年間，人類從對輻射一無所知到加以運用，人們看待輻射的態度也從趨之若鶩轉為避之唯恐不及，只要聽到電磁波、輻射線都會蹙起眉頭。

然而，視輻射為洪水猛獸欲除之而後快的態度並不全然正確，畢竟我們身邊的輻射無所不在。

吃一根香蕉的輻射劑量大約是〇．〇〇〇一毫西弗，一匙花生醬約〇．〇〇二五毫西弗，一整年分的食物累積起來約有〇．三毫西弗。呼吸一整年，會由空氣中吸入大約一．二毫西弗的輻射劑量。來自宇宙的輻射線每年約有〇．四毫西弗，若搭飛機在高空飛行承受的輻射劑量會更高，東京與紐約來回一趟大約是〇．二毫西弗。日常生活中每年約會接受二．四毫西弗。

另外，由於放射線可以穿透人體，在醫學上是極為好用的診斷工具及相當有效的治療手段。各種檢查工具的輻射劑量差異很大，照一張胸部X光片約〇．一毫西弗，做一次乳房攝影約〇．三毫西弗，電腦斷層的輻射劑量較高，頭部電腦斷層約二毫西弗，腹部電腦斷層約八毫西弗，而心導管的輻射劑量則可能超過十，甚至五十毫西弗。

聽到做一次電腦斷層的輻射劑量是好整年背景輻射的總和，可能會讓許多人感到訝異，但是為了做出正確診斷，避免疾病惡化，這些檢查依然有它存在的必要。

再說即使完全拒絕醫用輻射，我們周遭還是有許多輻射來源，好比用天然瓦斯煮飯一整年，其輻射劑量約十毫西弗，至於每天一包半香菸持續一整年，所暴露的輻射劑量即可能達到十三毫西弗。

所以說，對於輻射其實無須過度恐慌，更不要全盤否定，我們應該要有正確的認識，該用就用、該避免就避免。只要妥善運用，能夠殺人於無形的輻射，其實也可救人無數。

第14章 我們全都會流血到死——來自叢林的伊波拉病毒

「我們全都會流血流到死！」位於非洲偏遠村落裡的居民們悲泣著。有人流出鼻血，有人咳著咳著就吐出幾口鮮血，住進醫院打針的病人在手臂針扎處冒出一大片血腫，看顧病人的護理人員與修女們眼睛布滿血絲，不斷衝進廁所解出帶有鮮血的大便。

血液與穢物的濃烈氣息意謂死亡的腳步正步步逼近，事實上，死神似乎一直都在。一個星期前，這些不斷出血的人們才剛親手埋葬一位教會學校的導師。

這名導師名叫馬巴羅．羅卡拉（Mabalo Lokela），他於一九七六年八月底到剛果民主共和國（舊稱薩伊）的北部旅行，沿途輕鬆愜意，還買了不少新鮮及煙燻的羚羊肉、猴子肉嘗鮮。然而羅卡拉回到家鄉楊布谷（Yambuku）時卻已經渾身灼熱，皮膚摸起來比非洲夏季艷陽下的石頭還滾燙。

死亡現場

楊布谷是個偏遠村落，醫院裡沒有醫師，僅有護理人員提供基本照護。馬巴羅被判定為最常見的瘧疾，護理人員替他施打一劑奎寧後就讓羅卡拉回家了。

返家第一天，羅卡拉體溫似乎降了下來，但人還是昏昏沉沉。不過隔沒多久，羅卡拉逐漸犯頭疼，皮膚又逐漸變得滾燙。仔細觀察的話，家人還能在羅卡拉的黑皮膚上見到一團團的瘀青斑痕。九月初家人合力抬著羅卡拉進到醫院，躺在病床上的羅卡拉眼睛、鼻子和牙齦都滲出血絲，眼神了無生氣，一下嘔吐，一下拉肚子，簡直是躺在一團和著鮮血的穢物中。

沒人知道羅卡拉究竟在旅途中受到什麼邪靈纏身，教會的修女們替羅卡拉祈禱，醫院的護理人員運用最基礎的醫療資源替羅卡拉打上點滴。羅卡拉在病發兩個星期後的九月八號過世。

根據當地傳統，羅卡拉的太太、姊妹及其他女性家屬先替其清洗身體後，再將羅卡拉下葬。葬禮結束後死神從未離開，曾經碰觸過羅卡拉的親屬、護理人員及教會修女們都開始出現高燒及出血的症狀，全村瀰漫著「我們全都會流血至死」的恐慌。

首位抵達楊布谷診斷怪病的外地人是從隔壁村落過來的小鎮醫師，才剛抵達便被楊布谷內血淋淋的死亡氣息給震懾住了。小鎮醫師很快地警覺：「這絕對是一種新型的高度傳染性疾病！」他連忙記錄患者發病的詳細症狀及過程，並請求更高層級醫療單位的援助。

剛果民主共和國從首都金夏沙派了一名微生物專家及一名流行病學專家來到偏遠的楊布谷。這時的楊布谷已經接近癱瘓，不僅多名村民死亡，連唯一一間醫院內的十七名員工都有十一位宣告不治，修女們病得相當嚴重。專家們判定這絕非熱帶常見的黃熱病，於是將一位重病的修女帶往首都金夏沙救治，並將修女的血液檢體送到法國巴黎巴斯德研究院，希望能夠確定診斷。

沒多久，法國巴黎巴斯德研究院宣告：「此怪病的病原是一個全新的病毒！」

由於楊布谷位在伊波拉河流域，這個新病毒就被定名為「伊波拉病毒」。

面對全新的傳染病，該怎麼辦呢？剛果民主共和國找來軍隊，架起路障隔離，要求楊布谷的居民待在原地。儘管如此，附近的城鎮還是不斷有居民染病。直到疫情慢慢退去，三百一十八名感染者裡有兩百八十位死亡，死亡率近乎九成。

同年，非洲蘇丹地區也出現類似疾病，最後被證實是另一種類的伊波拉病毒，雖然沒那麼致命，但兩百八十四位染病者中還是有一百五十一位死亡，死亡率仍舊高於五成。

伊波拉病毒從此一戰成名。

死亡解剖室

多數感染伊波拉病毒的患者會在一、兩個星期內出現症狀，有時快至兩天，有時長到三個星期。剛開始患者的臨床症狀會很像流感，包括高燒、頭痛、肌肉痠痛、喉嚨痛及全身無力。接下來的六天內會有持續性高燒，不管用抗瘧疾藥物或抗生素都沒有反應，患者會抱怨頭痛加劇，身子愈來愈無力，接著開始出現肚子痛、拉肚子，並將吃下的東西一股腦地吐出來。

到了第七、第八天，病人會突然好像稍微康復，開始會想吃東西，有少數病人真的會於這個階段痊癒，但對更多數的患者而言，這兩天只是假性緩和期。

第九天過後病情會急遽加重，出現喘、胸痛、咳嗽等呼吸窘迫的症狀。身體的凝血功能出現大問題，患者咳嗽嘔吐都會見血，口腔牙齦皆有出血，拉肚子會解出血便，針頭注射處也會產生極大的血腫。漸漸地，患者會開始意識模糊，搞不清楚人、事、時、地、物，有人則陷入昏迷。伊波拉病毒會攻陷各個器官，導致多重器官衰竭，平均只要兩個星期就能奪走性命。

難道他非死不可？

由於患者一開始的症狀並不這麼明顯，而且與許多熱帶疾病相似，大家可能會先猜是沙門氏菌、志賀氏菌或黃熱病等傳染病，幾乎都要到患者呈現重症時，醫護人員才會考慮到伊波拉病毒這個凶手。

一旦伊波拉病毒進入人體後，就能快速地經由血液、分泌物及其他體液傳播至其他人身上，即使病人死亡，屍體上的病毒依舊能繼續傳播。所以替過世的羅卡拉清洗身體的親屬和從開始就照顧著羅卡拉的家人都很容易染上伊波拉病毒，醫療照護者同樣無法倖免於難。

現代醫學行不行？

不管有沒有猜到感染源，照顧伊波拉病毒重症病患都極度困難，目前沒有針對伊波拉病毒的抗病毒藥物，更沒有預防的疫苗。由於患者嚴重嘔吐、喉嚨很痛，幾乎無法由口進食，大概只能用靜脈輸液給予支持性療法，患者死亡率依舊很高。

伊波拉病毒從何而來？

病毒需要寄生於生物體才能存活，伊波拉病毒殺人殺得如此快，如此猛，似乎就比較難散布。而且伊波拉病毒會迅速造成感染者的極度不適，多數無法走路，僅能臥床，加上迅速致命的特質，讓伊波拉病毒散播並不廣。自一九七六年疫情首度爆發後，一九七九年又出現一批伊波拉病毒的攻勢，但從一九八〇年到一九九三年之間，伊波拉病毒就銷聲匿跡，沒造成重大傷亡。

沒疫情，沒傷亡，就等於不存在嗎？當然不是。致死率如此強大的伊波拉病毒早就被列為「生物安全第四級病毒」，幾個研究單位都認為伊波拉病毒是生化恐怖攻擊的不二之選。

從一九九四年起，伊波拉病毒的疫情頻傳，幾乎是每年都有。目前總感染

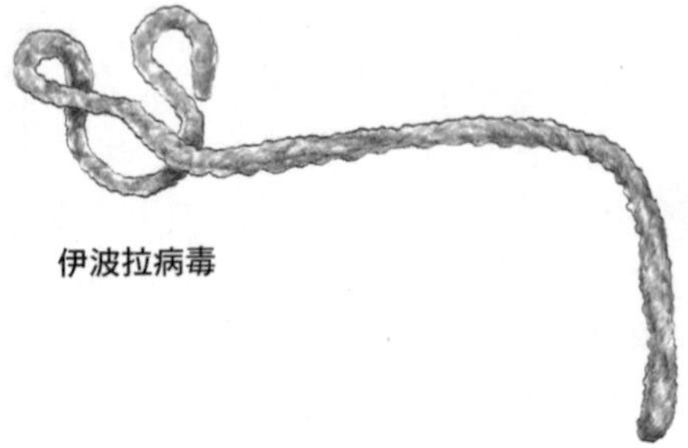

伊波拉病毒

人數約在兩千人左右，而且每次有疫情爆發，致死率都超過五成。除了在剛果和蘇丹肆虐的兩種伊波拉病毒外，之後在象牙海岸及烏干達又出現另外兩種型態的伊波拉病毒。科學家們竭盡所能，想要找出伊波拉病毒的源頭。

科學家觀察到伊波拉病毒疫情爆發之前，附近叢林的大猩猩及其他大型猿類也可能大規模死亡，檢測血液後發現大猩猩同樣也是死於伊波拉病毒的侵襲，於是人們推測，伊波拉病毒是種人畜共通的病毒，而大猩猩似乎是感染的源頭。

但是仔細想想，這些大猩猩和人類得病時一樣，死得又快又猛。如果大猩猩和人類一般都容易被伊波拉病毒殺死，那大猩猩應該也是伊波拉病毒的受害者，而非伊波拉病毒的自然宿主。

經過三十年，超過三萬種動植物物種的追查後，科學家推測蝙蝠最有可能是伊波拉病毒的自然宿主。回顧過去爆發的疫情，似乎也透露著蝙蝠與伊波拉病毒之間的關聯。

一九七六年蘇丹地區的第一位感染者是棉花工廠的員工，那間工廠的屋頂有許多蝙蝠巢穴。接下來，有位丹麥學生於肯亞參觀完蝙蝠洞穴後就死於伊波拉病毒。另外，剛果當地充滿蝙蝠的礦坑亦曾爆發疫情。

而且，當科學家於實驗室內刻意讓蝙蝠感染伊波拉病毒時，發現蝙蝠並沒有什麼臨床症狀。若蝙蝠身上帶有這些病毒，便可能在叢林中散布給其他動物。如此一來就不難解釋為什麼黑猩猩及猴子等都曾因為伊波拉病毒而產生大量傷亡。羅卡拉於剛果北部旅行時所買的猴子肉，或許就藏著伊波拉病毒。

此外，在中非及西非地區的食物資源較為匱乏，當地居民會在叢林中狩獵，靠野味來增加補充營養。他們將捉來的蝙蝠煙燻烘烤加以保存，然後下鍋做成熱騰騰的辣湯。人們於捕捉、宰殺、料理蝙蝠的過程中便可能接觸到伊波拉病毒。

過去爆發伊波拉疫情的地方大多是中西非叢林裡的偏遠鄉鎮，衛生條件較差，居民很容易接觸到患者的嘔吐物及排泄物，或是習慣共用針頭。隨著熱帶叢林被大量破壞，人類接觸到野生動物的機會增加，伊波拉病毒的疫情也愈來愈常見。

二〇一四年於西非爆發的伊波拉疫情是史上最嚴重的一次，有數以萬計的患者受到感染，部分地區的死亡率超過五成。

雖然目前在亞洲、澳洲、歐洲或美洲仍未有伊波拉的疫情爆發，但是在幾年前曾有一批由菲律賓運往美國和義大利的猴子身上被檢驗出伊波拉病毒。這個潛藏在叢林中令人聞之喪膽的「第四級病毒」一直都在蠢蠢欲動。

第15章 橫掃千萬人的大屠殺——流行性感冒

死亡現場

西元一九一八年，第一次世界大戰正打得昏天暗地，二十一歲的沃恩（Roscoe Vaughan）加入陸軍並於傑克森營區受訓，準備投入戰場，然而身高接近一百八十公分體格健壯的他卻躺在醫院裡奄奄一息。

剛開始他感到頭痛、背痛、虛弱無力、雙眼乾澀灼痛、持續發高燒且咳得很厲害，看起來像是感冒，不過在住院之後，病情便不斷惡化。漸漸的，沃恩咳出帶血痰液，呼吸也越來越喘，神智不清的沃恩原本還能發出痛苦的呻吟，但在不久之後就只剩下微弱的掙扎。沃恩死於九月二十六日清晨，距離發病僅短短一周。

年輕力壯的士兵在短時間裡染病死亡，實在頗不尋常，可是沃恩的死沒有引起太多注意，因為醫院早就被類似的患者給淹沒了。

數以萬計的士兵湧入醫院，醫護人員根本應接不暇，沒有人曉得為何這些身強力壯的年輕人會如此迅速地被病魔撂倒。由於血液中氧氣濃度太低，患者的手、腳、耳朵發紺呈現紫黑色，不久後嘴唇、臉頰皆變得灰暗，任誰都看得出來死期將至。

幸運存活的患者也不好過，因為大部分患者會度過病奄奄的三天，飽受煎熬後才逐漸好轉，所以又被稱為「三日熱」（Three-Day Fever）。

根據軍方統計，一九一八年九月到十二月間，美軍部隊即有超過三十六萬名士兵遭到感染，超過兩萬一千人死亡。位於俄亥俄州的雪曼營區傷亡最為慘重，該營區駐紮三萬五千多名士兵，其中有一千多人死亡。

面對突如其來的浩劫，醫師們一籌莫展，既不清楚疾病從何而來，也不知道該如何治療，連病原體是什麼都不曉得。有人發現營區的士兵越密集，染病比例就越高，當每個人擁有七．三平方公尺的生活空間時，染病的比例僅百分

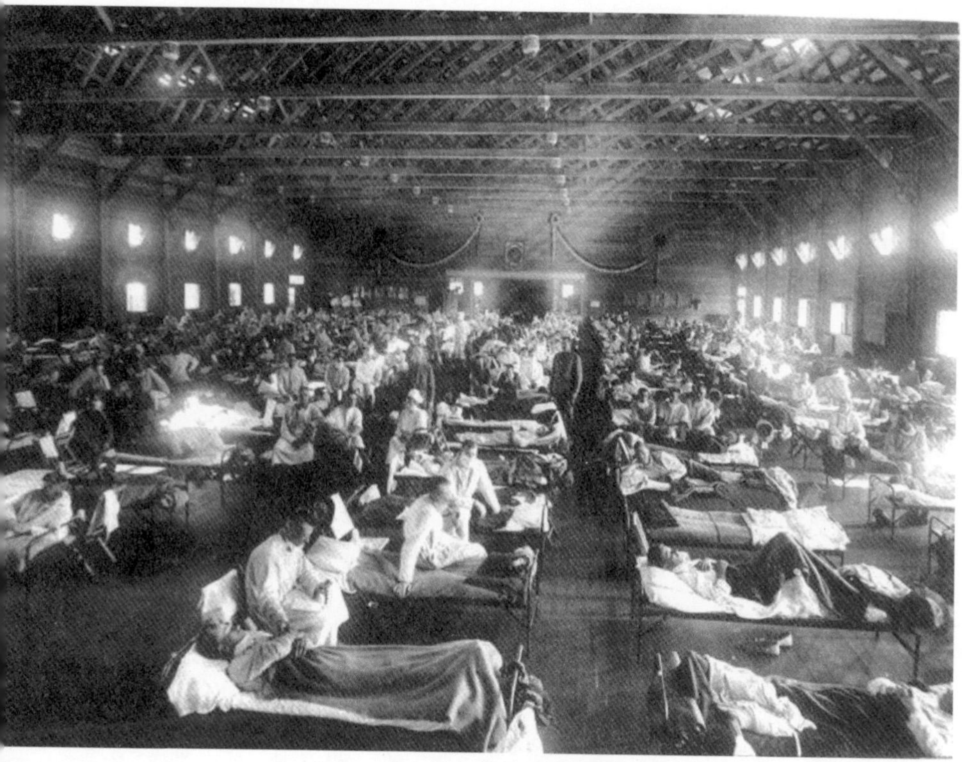

流感使得醫院大爆滿

Historical photo of the 1918 Spanish influenza ward at Camp Funston, Kansas, showing the many patients ill with the flu By U.S. Army photographer [Public domain], via Wikimedia Commons

之二・五；當每個人僅有四・二平方公尺的生活空間時，染病的比例高達百分之二十六・七[1]。至於擁擠的運兵船上就更加可怕，有艘搭載了一千兩百多人的紐西蘭運輸艦在抵達英國時，已有超過千人染上流感，並有六十八人死亡[2]。短時間內折損大量兵力，使作戰計畫大受影響，讓戰場上的指揮官們非常頭痛，不過病魔倒是一視同仁地席捲了全世界，當時英國部隊有三萬人死亡，德國陸軍亦有超過七十萬人染病。

在營區醫院人滿為患時，平民老百姓同樣籠罩在死亡陰影中，學校、教堂、餐廳、電影院紛紛關閉。從鄉村到城市，各地醫院皆大爆滿，停屍間裡的屍體像木柴一般層層堆疊。不但棺木大缺貨，殯葬業者也無法消化如此龐大的需求，許多人得自行挖掘墳墓埋葬親人。恐懼持續蔓延，有些城市甚至將公然咳嗽、吐痰視為「犯罪行為」。

當時的台灣也出現過三波疫情，直到一九二〇年初才完全消失。在三百六十五萬人口中，約有九十餘萬人遭到感染，四萬四千多人死亡[3]，時任台灣總督的明石元二郎也染病身亡。

這場肆虐全球的大瘟疫究竟取走多少人命呢？根據估計，死亡人數可能達到五千萬，甚至有學者認為有接近一億人喪命。

要知道延續數年的第一次世界大戰總共造成一千七百萬軍民死亡，兩相對照便能凸顯出瘟疫的可怕。

死亡解剖室

沃恩死後幾個小時，醫師即進行解剖，在他寬闊的胸膛中原本應該充滿空氣的肺臟卻裝滿了血水，換句話說，沃恩是被自己的體液給淹死。

1 Brewer IW. Report of epidemic of "Spanish influenza" which occurred at Camp A.A. Humphreys, VA., during September and October, 1918. J Lab Clin Med. 1918; 4:87–111.

2 Summers JA, Wilson N, Baker MG, Shanks GD. Mortality risk factors for pandemic influenza on New Zealand troop ship, 1918. Emerg Infect Dis. 2010; 16:1931–1937.

3 丁崑健。一九一八–二〇年台北地區的H1N1流感疫情。生活科學學報，十二，一四一–一七五，二〇〇八。

醫師明白這是嚴重肺炎，肺臟發炎使微血管通透性增加，當過多的液體滲進肺泡中，肺臟便失去氣體交換的功能，但是醫師們一直不清楚病原體為何，有人主張是細菌，也有人主張是病毒，許多專家投入研究但都沒有定論。

陸軍醫學博物館（Army Medical Museum）是在一八六二年林肯總統任內所成立的研究機構，目的是蒐集各式各樣的病理標本，希望可以促進醫學研究，提升照護水平。每一年軍醫皆會將數以萬計的標本送到陸軍醫學博物館，沃恩的肺臟組織亦在其中。

由於「治不好、防不了」，這場所向披靡的瘟疫讓人類毫無招架之力，社會秩序瀕臨崩解，不過看似無解的難題，在一九二〇年突然消失得無影無蹤。

揪出無頭公案的真凶

奪走千萬條性命的凶手銷聲匿跡，一場世紀大瘟疫幾乎成了無頭公案。一九五一年有位名叫哈爾汀（Johan Hultin）的研究人員前往冰封的北方，當地有幾個村落在大流感期間幾乎滅村。獲得村民同意後，哈爾汀挖出凍土層中的屍體取得肺臟組織，希望能找到冷凍多年的病毒，但在用掉數百顆雞蛋之後仍舊無法培養出病毒，顯然病毒已全軍覆沒。揪出凶手的構想又擱置了好久才露出一線曙光。

士兵沃恩的肺臟組織在偌大的倉庫裡靜靜地待了將近八十年，直到陶本伯格醫師（Jeffery K. Taubenberger）將它取出來。由於分子生物學的進步，科學家開始有能力偵測出極微量的基因。他們從檢體上切下薄片，然後小心翼翼地處理，歷經漫長努力終於揪出一九一八年大流感的基因片段。

陶本伯格的研究報告被刊登在一九九七年三月的《科學》期刊上，不久後陶本伯格接到一封信，這封信來自哈爾汀，也就是當年那位曾經在凍土層中挖掘屍體試圖找尋病毒的小伙子。這時的哈爾汀已經七十多歲，不過他決定再度前往阿拉斯加找尋冰封中的病毒。

開挖幾天之後，哈爾汀見到一具年輕女性的屍體，雖然有些許腐化但是他仍取得幾片肺臟組織，接著陶本伯格由這些檢體順利解出一九一八年流行性感冒病毒的完整基因組序列。

難道他非死不可？

大多數的流感病毒較容易導致孩童及老年人死亡，不過一九一八年的大流感卻讓大量年齡介於二十至四十歲的青壯年死亡，寫下驚悚無比的一頁。

因為這是經由呼吸道傳染的疾病，所以人們想盡辦法要替鼻腔及口腔消毒，希望可以免於感染。有醫師建議噴灑含有石炭酸、奎寧的溶液，也有醫師建議將硼酸、氯化亞汞與小蘇打粉末吹入鼻腔[4]。如今石炭酸常用於防腐，硼酸則是蟑螂螞蟻藥的主要成分，可見這些方法當然沒效還可能有害，不過遭逢如此浩劫，無比恐慌的人們願意嘗試任何方法。

回顧一九一八年流感患者的病歷記錄，我們可以發現他們的病程大概都是先由病毒造成肺炎，隨著體液、痰液的鬱積肺部會開始孳生大量細菌，不但使肺炎惡化還會進展到呼吸衰竭及敗血症。想要扭轉局面得從兩個方向著手，一個是用抗生素來殺死肺部與血液中的細菌，另一個是插入氣管內管，仰賴呼吸器的協助度過危險期。可惜，抗生素要等到第二次世界大戰才成功量產，至於正壓呼吸器則要到一九六〇年代才逐漸成為實用的維生機器。換句話說，沃恩的死在當年幾乎是無可避免。

現代醫學行不行？

流行性感冒病毒在一九三〇年代被分離出來，它是種RNA病毒，可分為A型、B型、C型等。A型流感病毒可以感染許多種動物，例如人、豬、雞、鴨、鳥等，B型與C型流感病毒則多感染人類。

一般而言，在遭到病毒感染之後，動物的免疫系統會「記住」病毒表面抗原的模樣，如此便能於再度感染時盡快消滅入侵的病毒。可是流感病毒發生突變的機會較高，所以只要經過一段時間，流感病毒表面抗原就能「改頭換面」，讓免疫系統無法及時反應，而造成大規模流行。

4 James A. Bach. Prevention of influenza by osmotic action in air passages. JAMA. 1918;71(23):1935.

A型流感病毒表面有兩種重要的抗原，血球凝集素（H抗原）與神經胺酸酵素（N抗原），病毒學家便是用H及N來替A型流感病毒分類，並稱之為亞型，我們常聽到的H5N1、H3N2、H7N9等皆是變異的A型流感病毒，至於一九一八年大流感的兇手則是H1N1。

然而，即使現代醫師擁有抗生素與呼吸器，面對如此嚴重的病毒性肺炎仍然是戒慎恐懼，因為嚴重發炎的肺臟會漸漸被體液淹沒，就算給予百分之百的氧氣也無濟於事，除非祭出最終極的維生手段，用葉克膜[5]負起氣體交換的任務，才有辦法延長生命。

葉克膜可能奏效，但是絕非萬靈丹，畢竟將全身血液抽到體外進行氣體交換後再送回體內本來就會衍生出許多可能致死的併發症。

大流感再次爆發的危機

看完這場浩劫，應該有人會問，類似的噩夢是否可能在未來重演？

答案是肯定的，因為流行性感冒病毒一直都在我們身邊。每隔幾年，病毒便能累積較多變異而順利躲過大多數人的免疫系統並引爆大規模疫情。一九五七年H2N2爆發，估計全球死亡人數約兩百萬；一九六八年H3N2爆發，亦造成百萬人死亡。

如今，便利的航空、鐵路交通，人口密集的大都會皆能助長病毒散播，疫情蔓延的速度將非常驚人。雖然現代醫療對於重症患者的照護能力已進步許多，不過加護病房與呼吸器的數量相當有限，如果有成千上萬的患者同時發病，肯定是僧多粥少，醫療體系將面臨嚴苛的考驗。

5 葉克膜（Extra-Corporeal Membrane Oxygenation，簡稱ECMO），體外膜氧合器。

第16章 從槍口餘生到忘記自己——失憶的雷根

死亡現場第一回

一九八一年三月三十日下午兩點二十五分，發表完演說的美國總統雷根走出希爾頓酒店，準備搭車離去。因為附近聚集了不少人，雷根便舉起手臂向群眾致意。

突然，幾公尺外爆出槍響，槍手約翰·辛克利[1]在兩秒內連開六槍，距離車門僅僅幾步遠的雷根愣了一下，旋即被特勤人員巴爾[2]推進車裡。雷根的座車立刻開動，高速駛離現場。

撲倒在後座的雷根感到上背疼痛，而且是前所未有的痛，實在難以忍受，於是便對趴在他背上的巴爾說：「下來，你大概把我的肋骨撞斷了。」

接著雷根開始咳嗽，咳出來的是鮮紅色、帶有泡泡的血痰。見到雷根咳出血，特勤人員馬上將車子開往喬治．華盛頓大學醫院，雷根的手巾很快地浸滿了血，而且呼吸越來越困難。

下午兩點三十五分，雷根走進急診室，虛弱地說：「我吸不到氣了……」接著單膝跪地，幾乎失去意識，大家連忙將他架上推車。這時候，沒有人知道雷根中彈了。見他臉色蒼白，胸部疼痛，呼吸困難，收縮壓只有八十毫米汞柱[3]，醫護人員還以為是心肌梗塞發作，於是趕緊給予氧氣及輸液。

了解事發經過後，大家猜測可能是推擠過程中撞斷了肋骨，尖銳的斷端又刺破肺臟導致氣胸及血胸。直到剪開雷根的西裝，在他左背第四肋間接近腋下處發現一個約莫一點五公分大的彈孔，周遭還有點皮下氣腫，大家才明瞭，

1 John Hinckley，因暗殺雷根總統而聲名大噪，最後法院裁定因精神狀態不穩不須服刑，但從此一直待在精神病院。

2 Jerry Parr，在雷根遇襲這事件中處理得當，將傷害減到最低的第一功臣。後來巴爾覺得能救雷根一命是上帝旨意，因而改當牧師。

3 正常時候，成人的收縮壓通常會在一百二十毫米汞柱以上。

「總統中彈了！」

醫學解剖室

由於沒能找到子彈出口，醫療團隊研判子彈應該還卡在體內。被子彈打穿的肺臟持續漏氣且出血，很快演變成「氣血胸」。胸腔是個封閉的空間，由肺臟漏出來的空氣與血液會積在裡頭，一開始左側肺臟漸漸塌陷失去功能，接著右側肺臟、心臟也會受到擠壓而無法正常運作。這種稱為「張力性氣血胸」的狀況非常致命，如果沒有及時處理，傷患很快就會一命嗚呼。

醫師立刻替雷根置放胸管引流氣體及血液，管子剛放好，大量氣體與一千兩百毫升的鮮血便灌進引流瓶內，雷根終於可以正常呼吸。看著引流瓶，醫師知道危機尚未解除，因為如果不盡快控制出血，一樣保不住性命。

隨後，醫師替雷根照了張胸部X光片，除了見到胸管與積在胸腔的血液，還能見到卡在左側胸腔的子彈。那顆子彈與心臟非常接近。由於胸管持續以每十五分鐘兩百到三百毫升的速度流出血液，醫療團隊決定緊急手術。

醫師向雷根解釋開刀的必要性時，雷根打趣地對外科醫師說：「我希望你們都是共和黨員。」外科醫師笑著回答：「總統先生，今天我們全部都是共和黨員。」

麻醉後，醫師將雷根的姿勢擺為右側躺，接著劃下一道長長的傷口。剛打開胸腔，積在裡頭的血液便湧了出來，大約有五百毫升。醫師找到了肺臟被子彈打穿的地方，卻怎麼也摸不到子彈，只好在術中照X光協助定位，才終於取出子彈。補好肺臟的破損，醫師擺放兩支胸管，並關閉傷口，手術時間總共是兩個小時又四十分鐘。術中總失血量超過三千毫升，約是成年人體內總血量的一半。

這顆射入肺臟的子彈被稱為「破壞者」，擊中目標時會爆裂，四散的碎片會造成嚴重傷害。幸好這顆子彈可能先擊中座車再反彈射入雷根的身體，沒有爆裂，否則雷根恐怕很難逃過這一劫。

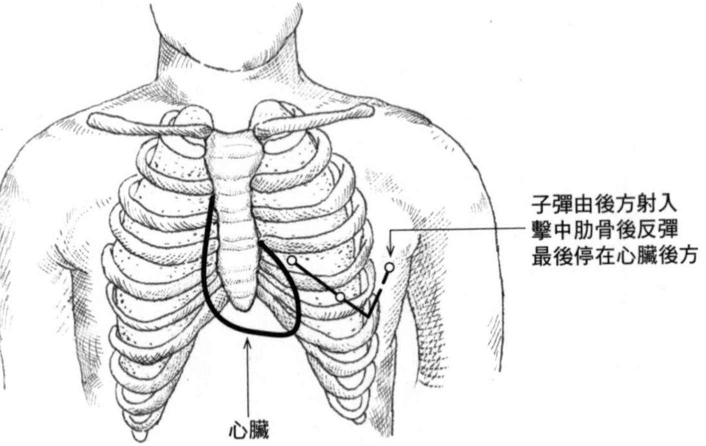
子彈由後方射入
擊中肋骨後反彈
最後停在心臟後方
心臟

雷根的槍擊彈道

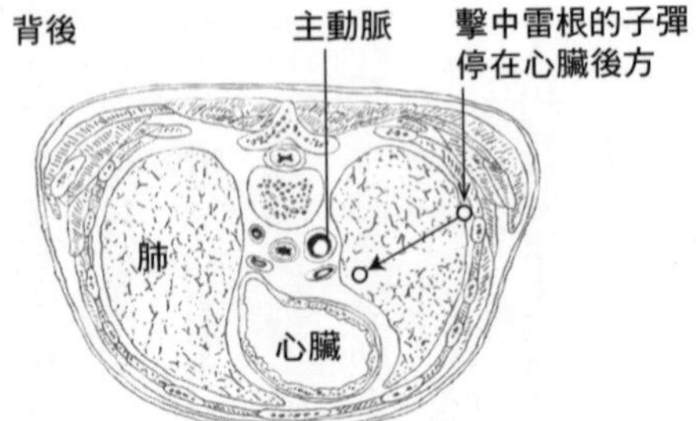
背後
主動脈
擊中雷根的子彈
停在心臟後方
肺
心臟
腹部

鬼門關前走一遭

術後雷根逐漸恢復意識，雖然感到相當不舒服，但已經能夠寫字與家人及下屬溝通，腦袋非常靈光。不到十二個小時，醫師就決定替雷根拔管，讓他自己呼吸，不再仰賴呼吸器。住院期間雖然有幾度發燒，不過這位高齡七十歲的老先生挺了過去，並於術後第十二天出院。

對照其他幾位遭到槍擊的美國總統，正好可以見到近代醫學的進展。直到二十世紀初期，醫師對於遭受槍擊的患者仍舊束手無策，只能聽天由命。經過大半個世紀的演變，無菌觀念、手術技術、設備、麻醉、輸血、抗生素各方面皆有長足的進步，才有辦法從鬼門關前把雷根救回來。

雷根相當注重健康，每天下午都會走進白宮的健身房運動一個小時，不過他跟開刀房實在很有緣。一九八五年連任成功後，醫師在他的大腸裡發現一顆絨毛狀腺瘤，於是動手術切除部分大腸。一九八九年卸任後，雷根從馬背上摔了下來，導致慢性硬腦膜下腔出血，只好開刀引流。

經歷過開胸、開腹、開腦袋的雷根最後究竟是被什麼問題擊倒呢？

雷根是個過目不忘的人，年輕時候曾在好萊塢演過不少電影，背台詞對他來說根本易如反掌。擔任總統時，負責保護雷根的特勤人員曾經表示：「總統隨扈隊有一百二十名探員，他似乎記得每個人的名字。」

然而，彷彿是早一步喝下了孟婆湯，雷根的記憶在不知不覺中悄悄溜走。

死亡現場第二回

回溯起來，雷根大概是從一九九二年開始出現症狀，當時高齡八十一歲的雷根出面為布希的競選活動站台。被稱為「偉大溝通者」的雷根，總是能用恰當的語言與群眾交流，但是這次他的講話速度明顯較慢，不再像過去那樣口若懸河。

發現問題的是位曾經於白宮照顧雷根的醫師。在一次閒聊中，醫師發現：「雷根好像心不在焉，一直在想別的事情。這不太尋常，過去他與人聊天時都是全神貫注。」更讓醫師緊張的是，即將談話時雷根突然問：「接下來我該做什麼事情呢？」醫師看了看雷根，發現他的臉上一片茫然，並不是在開玩笑。這位醫師引導雷根離開現場，也開始擔憂他的健康狀況。

一九九三年三月，加拿大總理訪問雷根，並於其農莊留宿，準備離去時他問了保護雷根的特勤人員：「你有注意到總統怪怪的嗎？」

幹員當然注意到了，因為雷根有時說話說到一半會停住，忘記自己正在講什麼事情，接著又突然說起全新的故事。顯然雷根已經愈來愈健忘。

雷根於一九九四年慶祝八十三歲生日時，到華盛頓發表了最後一次公開演說。典禮由英國前首相柴契爾夫人開場，接著換雷根說話。雷根走到麥克風前，明顯有幾秒鐘空白。雖然後來的演講堪稱順利，但雷根回到飯店時的第一句話是對夫人南西說：「嗯，等等，我需要一點時間，我現在不太確定自己在哪裡。」

南西的回答簡單明瞭：「走到底會看到衣服放在房間那邊，你就會想起來了。」這個建議讓雷根回過神，往房間盡頭走去。

南西對陪伴他們回房的醫師說：「你看得出來我擔心他得了某種病吧！」

這個病便是俗稱老年癡呆的「阿茲海默症」。

幾個月後，雷根發表一封公開信告訴民眾自己的病情：

最近我被告知，如同數百萬美國人一般，我罹患了阿茲海默症。

得知這個消息後，太太南西與我猶疑著該不該把這件事情公諸於世。過去南西罹患乳癌，而我也曾因癌症開刀，我們發現公開說明此事能引起大眾注意病情。我們很高興能見到許多人因此接受檢查。能在病情早期接受治療，他們便能回歸健康、正常的生活。

所以，我們覺得與你們分享這件事很重要。我們希望可以喚醒大家對這個疾病的認知。這將有助於了解患者及其家人面臨的困難。

到目前為止我覺得身體還好。無論上帝打算給我幾年，我會繼續用之前的方式過生活。我會繼續與摯愛的南西及家人分享生命旅程。我計劃去享受戶外生活，並與朋友及支持者保持聯絡。

不幸的是，當阿茲海默症病情加重後，照護重擔將完全落在家屬身上。我非常希望有個方法能讓南西不用承受如此痛苦。我相信在那一天來臨時，南西能在你們的幫助下鼓起勇氣面對。

最後，讓我謝謝你們，感謝你們給予我如此榮耀去擔任總統職位。無論上帝何時要召喚我回去，我都會留給這個國家最多的愛與永恆的祝福。

我的生命如落日般即將走向終點。然而我知道，美國人永遠都能見到燦爛的黎明。

謝謝你們，我的朋友。願上帝祝福你們。

誠摯的

羅納德．雷根

雷根是第一位被證實罹患阿茲海默症的美國總統，他的坦白、真誠感動了許多人，支持者的信件也紛至沓來。

這段時間雷根還可以到住家附近的公園及海灘散步，他喜歡看孩子們玩得興高采烈。愛運動的雷根繼續打高爾夫球，雖然無法打完十八洞，但身手堪稱矯健。待在家時他會花四、五個小時讀報，一個字、一個字緩慢地念出報紙上的內容。

雷根能夠自行進食和穿衣，但逐漸喪失對時間的觀念，常常在凌晨兩、三點醒過來要求吃早餐。醫師開的藥物似乎沒什麼作用。

到了一九九七年，美國前國務卿前去拜訪雷根。雷根的外型維持得很好，西裝筆挺，展露一貫的紳士風範。然而雷根卻竊聲問南西：「坐在客廳那個人是誰？他好像很有名喔。」生命中大多數的人在他腦中都已不復記憶。

「偉大溝通者」漸漸變得沉默，即使講話也斷斷續續，無法說出一氣呵成的句子。雷根仍會在住家附近散步，有時路過的民眾會向他揮手致意，但雷根完全不明白大家為什麼這麼愛跟他打招呼。雷根已經忘記自己曾有八年的時間站在世界權力的頂峰。

爾後，雷根幾乎過著與世隔絕的生活。對此，夫人南西說：「我想他希望世人記得他過去的樣子。」他的女兒曾經透露，疾病已到末期的雷根無法說話、走路、進食，也不認得自己的家人。

被診斷阿茲海默症十年之後，雷根於二〇〇四年六月五日因肺炎離世。隔年在一個數百萬名觀眾投票的電視節目中，雷根總統獲選為「最偉大的美國人」第一名。

死亡解剖室

這個病過去被稱為「老人癡呆」，後來才改稱為「阿茲海默症」。當然，這個命名就是要紀念阿茲海默醫師（Alois Alzheimer, 1864-1915）。

阿茲海默是個對神經精神疾病很有興趣的臨床醫師，他接受過良好的實驗室訓練，習慣用顯微鏡觀察事物細節。一九〇一年阿茲海默醫師注意到一位五十一歲行為怪異的患者達特夫人（Auguste Deter, 1850-1906），她短期記憶很差，一轉眼就會把剛發生的事情忘光光。達特夫人半夜經常不睡覺，而是穿著睡袍拖著被單在屋內繞來繞去，有時會在半夜尖叫，因此被先生送進精神病院。

做檢查時，阿茲海默醫師請她寫下自己的名字，達特夫人寫不出來，只是喃喃自語地說：「我不見了！我不見了！」偶爾，達特夫人會出現幻覺或像植物人般一動也不動。

剛開始院方將達特夫人隔離在單獨房間，因為只要一放出來，達特夫人就會奔跑尖叫，完全不受控制。然而隨著時間過去，達特夫人不再尖叫，只會對著自己喃喃自語。

阿茲海默醫師認為，這個病人明顯對時間與地點沒有概念，很容易忘記事情，無法回答問題。言語中的「不連貫」和「不相關」兩種表現，讓達特夫人變得極度無助，沒辦法與外界溝通，情緒同樣在退縮與焦躁中擺盪。

大家或許會認為，失憶於老年人身上稀鬆平常，但最讓阿茲海默醫師感到好奇的就是，「一位中年婦女為何出現這些症狀？」

後來，阿茲海默醫師前往慕尼黑工作，不過依然關心達特夫人的病況發展。達特夫人於一九〇六年過世，阿茲海默醫師取得她的大腦，在慕尼黑的實驗室內做成切片，以特殊染色找出問題所在。

達特夫人的大腦皮質之中有許多細胞形成一束束、髮絲狀纖維，裡頭的細胞都被破壞了，只剩下糾結的神經纖維束。這類纖維束染色較深，代表著裡頭有異常代謝物造成細胞死亡。

另外，阿茲海默醫師還發現有些無法被染色的東西，一叢叢地散布於大腦皮質之中，後來被證實為類澱粉沉積物。阿茲海默醫師聰明地指出：「我們所面對的是一種特殊的疾病。」這是醫學上第一次有醫師將失智症狀與大腦的病理變化做連結。

當時的阿茲海默症患者不多，不過隨著平均壽命大幅延長，如今阿茲海默症已是重要死因之一。根據估計，全世界有超過四千萬人罹患阿茲海默症，相關醫療花費高達六千億美元。

難道他非死不可？

阿茲海默症好發於超過六十五歲的長者，但也有部分患者屬於早發型阿茲海默症，或許與基因突變有關。

阿茲海默症患者剛開始的表現是健忘，很容易忘東忘西，短期記憶越來越差。你或許會憂心地問：「我也容易忘記事情，這樣就是阿茲海默症嗎？」請先不要緊張，每個人都有忘記事情的經驗，但阿茲海默症患者的狀況不大相同，因為異常沉積物堆積破壞了神經細胞，所以症狀會持續惡化，越忘越多。

症狀較輕微時，阿茲海默症患者容易感到不安，甚至在熟悉的環境中迷路。患者的人格特質和判斷力亦會出現變化，於是家屬及朋友應該能感覺到「這個人跟以前不大一樣」或是「他以前比較會處理事情」。

隨著疾病進展，阿茲海默症患者變得無法思考，容易感到迷惑，說話不再流利，情緒愈來愈容易焦躁，偶爾還疑神疑鬼。見到許久不見的老朋友時，阿茲海默症患者可能會對家屬嘟噥：「他說他是我的老朋友，我看他是要來騙錢吧！」漸漸地，阿茲海默症患者變得憂鬱，晚上常常睡不著，漫無目的到處亂晃，接著長期記憶亦慢慢消失，連家人都不再認得。患者的日常生活漸漸出現問題，有點「返老還童」的感覺，可能沒辦法自己洗澡、刷牙、更衣或進食。

隨著病情愈來愈嚴重，患者幾乎完全喪失語言能力，同時也會吃不下飯，身形逐漸消瘦。患者的社會功能消失，得完全仰賴他人協助才能生活，終於漸漸走向死亡。

現代醫學行不行？

很遺憾的是，自阿茲海默醫師於一九〇六年提出此病之後，科學家們仍然沒能掀開阿茲海默症的神祕面紗。雖然有各種假說解釋阿茲海默症的發生，但大部分阿茲海默症還是成因不明，僅確定有少數患者帶有突變的基因。

診斷阿茲海默症需要根據病史、家屬的敘述和醫師的觀察。醫師會評估患者日常生活中遭遇困難的程度，並測驗記憶、語言、注意力、建構力、解決問題、活動、定位、感受力等認知功能是否受損。

此外，醫師會替患者抽血排除感染或荷爾蒙失調，有時候也得抽出脊髓液來化驗。若想排除顱內腫瘤、出血、中風等問題，則要配合電腦斷層或核磁共振等影像學檢查。正子斷層掃描亦是診斷工具之一，可以檢視患者腦部負責語言及記憶的區域活躍程度是否降低。當然，要確定診斷，一定得穿過頭骨，取出部分大腦組織來檢查，但是通常我們不會選擇如此高度侵入的手段，大部分醫師是以臨床症狀來診斷阿茲海默症。

阿茲海默症患者往往不會自行就醫，需要家屬有所警覺，才會尋求醫療協助，部分患者能在早期接受診斷，部分患者被診斷時已經很末期了。目前有些藥物對減緩疾病進程有幫助，但沒有藥物可以徹底根治阿茲海默症。

平均而言，從被診斷阿茲海默症到死亡大約是七年左右，這段時間對患者或家屬來說絕對是充滿磨難的旅途。最折磨人的或許不是死亡本身，而是看著一個人逐漸失控、崩解、退化。

第二部：死亡知多少

落地人頭會說話？

斬首在古時候相當常見，無論是戰場、刑場，大家對於人頭落地的畫面應該都不陌生，也有許多故事流傳下來。

《聊齋誌異》中有一則故事叫做「快刀」。話說明朝末年盜賊四起，官府派駐士兵平亂，下令只要逮捕盜賊便能逕行處斬。這天，士兵逮捕十多名盜賊，便準備斬首示眾。其中有位士兵的佩刀相當鋒利，於是有名盜賊便靠過去跟他說：「聽聞你的刀最快，砍頭不用第二下。待會兒拜託你殺我。」

士兵點頭說：「好，那你跟在我身邊別跑太遠。」

行刑的時候，那位士兵一刀揮出，盜賊的人頭隨即落地。落地的頭顱滾呀滾的滾到數步之外，一邊滾還一邊大聲稱讚：「好快的刀！」[1]短短幾句話非常生動地描繪出一幅參雜了驚悚與黑色幽默的畫面。

不只小說這樣寫，史料中也有類似的故事。清順治四年（西元一六四七年），松江總兵官吳兆勝反叛，明代學者楊廷樞遭到牽連而被捕下獄。連續幾天的嚴刑拷打，楊廷樞遍體鱗傷，十隻指頭全都毀損，但他依然不願屈服。當時的蘇州巡撫敬重他，想給他一條生路，於是叫他剃頭。楊廷樞豪氣干雲地說：「砍頭事小，剃頭事大。」所以便被推出去斬首。

在行刑之前，楊廷樞大聲喊：「生為大明人！」劊子手趕緊揮刀砍下頭顱，不過落地的人頭仍然說了一句：「死為大明鬼！」在場眾人皆為之咋舌，於是將他安葬[2]。

1《聊齋誌異》：明末濟屬多盜，邑各置兵，捕得輒殺之。章丘盜尤多。有一兵佩刀甚利，殺輒導窾。一日捕盜十餘名，押赴市曹。內一盜識兵，逡巡告曰：「聞君刀最快，斬首無二割。求殺我！」兵曰：「諾。其謹依我，無離也。」盜從之刑處，出刀揮之，豁然頭落。數步之外猶圓轉，而大贊曰：「好快刀！」

2《南疆繹史》：「丁亥四月，松江總兵官吳兆勝叛；為之運籌者，乃廷樞之門人戴之儁也。事敗，詞連廷樞。廷樞被執系獄中，慨然曰：『予自幼讀書，慕文信國之為人；今日之事，素志也』。餓延五日，遍體傷，十指俱隕；而浩然之氣正與信國柴市不異，俯仰忻然，可無憾矣。五月朔，大帥會鞫於吳江泗洲寺，語不屈。巡撫重其名，欲生之，命之薙頭；廷樞曰：『砍頭事小，薙頭事大』！乃擁出至寺橋，臨刑大聲曰：『生為大明人』；刑者急揮刀，首墜地，復曰：『死為大明鬼』。刑者為之咋舌，乃禮而殯之。」

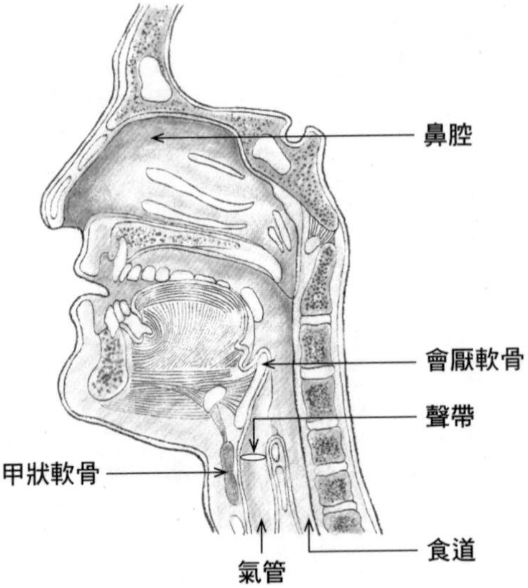

頸部解剖構造

這類傳奇軼事很受歡迎，往往會在民間流傳。許多人可能會半信半疑或者抱持「寧可信其有」的心態，但是我們其實可以非常肯定的說，這些「落地人頭會說話」的故事肯定是虛構的。

只要看看頸部的解剖構造，就能破解流言。

人類的聲帶位於甲狀軟骨也就是喉結裡頭，大約是第五節頸椎的高度。如果刀子砍在比較高位，那聲帶便會留在身體那一端，人頭這一端不可能發出聲音。

假使砍得比較低位，聲帶留在人頭這一端，有沒有辦法說話呢？答案依舊是否定的，因為一個人要發出聲音，單靠聲帶可行不通。我們的胸腔必須先壓縮，擠出空氣，這些空氣經過聲帶時會使之震動，進而發出聲音。人頭落地之後，氣管已經截斷，沒有胸腔擠出空氣，聲帶完全無法發出聲音。

另外，想要正確說話還需要返喉神經的配合，我們的返喉神經由迷走神經發出，左側返喉神經會繞過主動脈弓下緣，而右側返喉神經會繞過頭臂動脈幹再往上走回頸部支配相關肌肉。

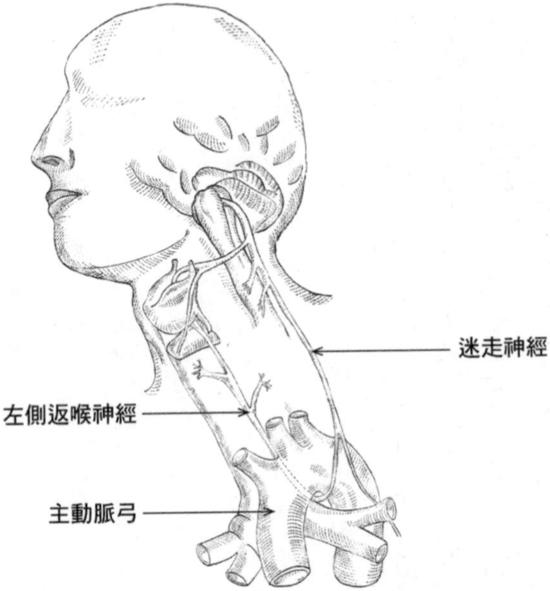

頸部肌肉

換句話說，返喉神經是由胸腔進到頸部，所以砍斷脖子的時候，也會一併截斷返喉神經，大腦再也無法控制聲帶，當然說不出話來。

由此可知，人頭落地之後，會失去推動聲帶的空氣來源與控制聲帶的神經支配，即使大腦仍有意識，也完全沒辦法說話。這個流傳數百年的鄉野傳奇應該可以徹底粉碎了。

死後有沒有知覺？

腦袋和身體分家之後，滾落的頭顱究竟有沒有知覺？有人相信囚犯會在斬首瞬間死亡，有人則認為頭顱可以親眼目睹自己身首異處。

一八五七年，鼎鼎大名的布朗．塞卡爾得醫師（Dr. Charles-Édouard Brown-Séquard）決定做實驗來找出答案。他砍斷一隻狗的頭，將血液放掉，大約十分鐘後，再將血液注入頸動脈。他發現狗的眼睛出現有意識的移動，顯示大腦沒有立刻死亡。

後來也有人直接拿死囚的人頭做實驗，將血液灌入從斷頭台取來的頭顱，不過頭顱並沒有恢復意識。

一九二〇年代俄國醫師設計了一組裝置，希望能夠維持頭顱的生命力。這組裝置用幫浦驅動，可以讓血液灌流頭顱。因為血液中需要含有氧氣，組織、器官才有辦法存活，所以他用橡膠管連接一個放在體外的肺臟負責進行氣體交換，另外還替血液加溫到三十七至四十度之間。這組裝置曾經讓砍下來的頭顱存活幾個小時，期間可以觀察到多項反射。

他們留下這樣的記錄，「狗的身體已經死亡，只有牠的頭還活著。這隻狗不會吠，牠的肺臟死了，不過牠的嘴巴張開，而且舌頭還把口中的東西推出來。如果拿一張紙在牠的眼前晃，牠會因為驚嚇而閉上眼睛。」[1]

從現代生理學的觀點來看，砍下頭顱的瞬間大腦應該仍有意識，可以聽、可以看、可以感覺，不過持續時間將非常短暫。相信許多人都曾經在由蹲踞站起身時，突然感到暈眩甚至眼前發黑不省人事，這是因為心血管系統對血壓的調控慢了一步，大腦無法獲得充足血液，便會失去正常功能。可見，即使血流沒有完全中止，只要血壓過低，很快便會失去意識。當頸動脈、頸靜脈被截斷，血液迅速外洩，大腦應該會更快失去意識。

歷史上那些將頭砍下然後灌注血液的實驗雖然可以讓頭顱恢復部分功能，

---

1 Krementsov N. Off with your heads: isolated organs in early Soviet science and fiction. Stud Hist Philos Biol Biomed Sci. 2009 Jun; 40(2):87-100.

但是效果肯定不會太好，因為血液流掉之後血管裡會充滿空氣，這些氣泡可能卡在微血管內造成栓塞，類似梗塞性中風，就算重新灌注血液，大腦也不可能恢復正常。如今，心臟外科醫師在動手術時都會盡可能避免空氣流入血管內，以減少神經學後遺症的發生。

生龍活虎的無頭人？

「無頭人」是鄉野奇談中的常客，光是想像無頭人在自己眼前走來走去的模樣就夠讓人起一身雞皮疙瘩。

西元一一五五年，有位名叫刁端禮的小官於潘姓人家歇息，因為聽到隔壁有聲音，便探頭去看。這一看可不得了，原來是一個無頭人正在編草鞋，動作相當熟練，速度飛快。

刁端禮大吃一驚，屋主潘先生連忙解釋：「這是我父親，他在宣和二年（西元一一二〇年）遇上亂事，被砍了頭。我們見他手腳都能動且身體溫熱，便不忍將他入殮，而是用藥敷在斷頸。傷口癒合之後，頸子上多了一個孔，想吃東西時就發出啾啾的聲音，我們用粥湯灌食，至今已過了三十六年，我爸七十歲了。」[1] 缺了頭顱還能生活三十幾年，實在相當長壽。

讓咱們來研究看看，該如何讓無頭人活下去。

首先要克服「失血」這個大問題，由於距離心臟很近，被截斷的頸動脈會噴出大量鮮血，在流速這麼快的狀況下，完全不可能自動止血，因為血液會被強大的血壓沖開，根本沒有機會形成覆蓋傷口的血塊。一個體重七十公斤的成年人，體內大約有五公升的血液，當兩側頸動脈、頸靜脈一齊失血時，恐怕只要兩、三分鐘便會流乾。所以若想讓無頭人存活，一定想辦法控制失血。唯一的辦法大概是在脖子套上止血圈，然後在切斷脖子的同時將止血圈束緊控制出血。不過在束緊止血圈之前，要先拿一根管子從氣管斷端插入，以維持呼吸道暢通。

單單使用止血圈絕非長久之計，因為過大的壓力會造成組織壞死，所以在控制出血之後要一一結紮斷端的血管，盡早移除止血圈。砍掉頭顱之後，心臟會繼續跳動，讓血液繼續循環，但是調控血壓及心跳的機制會暫時消失，而出現低血壓與心搏過緩的狀況。

接下來要談到維繫生命的另一個關鍵，「呼吸」。平常時候我們的呼吸是全自動運作，完全不需要思考，所以我們可能誤以為擁有完整肺臟的無頭人也會正常呼吸。其實我們的呼吸節律是由腦幹驅動，砍斷脖子之後，呼吸便會停止。若想延續生命就必須做人工呼吸，可以將放在氣管內的軟管接上氣囊或呼吸器，規律地把空氣打入肺臟。

完成止血與人工呼吸這兩個步驟，無頭人便有機會存活一段時間。然而，這樣的存活與故事中活靈活現的無頭人完全不同，大概只能算是一具「運轉中的生物機器」，心臟會跳、肝臟功能正常、腎臟能製造尿液，但是完全沒有意識，手腳不會動，無法站立、行走，更不會編織草鞋。

「無頭植物人」的說法肯定很煞風景，徹底破壞了大家對於驚悚無頭人的想像。也許有人會不死心地說：「就算不能走路，在砍掉頭顱時，身體應該會跳起來吧。」

1《明季北略》：「宋紹興二十五年，忠翊郎刁端禮，隨邵運運使往江西經嚴州淳安道上，憩於潘姓家，聞旁舍嘖嘖有聲，窺之，乃一無頭人，織草屨，運手快疾，刁大驚，潘生曰：『此吾父也。宣和庚子，嘗遭賊亂，斬首而死，手足猶能動，肌體皆溫，不忍殮殯，用藥傅斷處，其後瘡愈，別生一竅，欲飲食啾啾然，除灌以粥湯，故賴以活，今三十六年，翁以七十矣。』」

這是另一類廣為流傳的想法，認為被砍頭的人可能會在斬首的瞬間「怨念大爆發」而一躍而起。

《南疆繹史》中有個人叫藺坦生，他是山西副使，但是才剛上任，城池就被攻陷。面對勸降，藺坦生破口大罵：「豈有屈膝求活的道理！」於是就被砍了腦袋。可是在人頭落地之後，他的身體卻高高地跳了起來，在場眾人紛紛走避[2]。後人便以此讚頌忠臣的浩然正氣。

很可惜，在腦袋搬家的瞬間，無論死得多麼壯烈，恐怕都沒辦法跳躍。截斷脊髓之後，人會立刻癱瘓。或許有小規模肌肉出現抽搐的現象，然而缺乏一致性收縮，想移動肢體都有困難，更不可能一躍而起。

談到這裡，無頭人傳說大概都破解了，不過我們也要告訴大家，世界上的確有些生物在砍頭之後還能存活一段時間。

蟑螂是很好的例子，昆蟲學家發現，「無頭蟑螂」可以存活好幾個禮拜。因為蟑螂體型較小，不需要強大的血壓來推動血液循環，砍頭之後不會出現噴泉般的大出血。

此外，蟑螂不是用鼻子呼吸，牠的身體兩側有多個呼吸孔，體內細胞能夠透過細小的呼吸道直接進行氣體交換，砍頭不會終止呼吸。由於蟑螂的基礎代謝量較低，即使不吃不喝也能存活很長的時間。

這些無頭蟑螂仍然可以站立、走路，對外界的觸碰也有反應，因為昆蟲體內的神經叢能持續運作控制肢體反射。

看到這裡，先別急著捉蟑螂做砍頭實驗，您可以先找找螳螂交尾的影片。螳螂的生理構造類似蟑螂，當母螳螂把公螳螂的頭吃掉時，公螳螂的身體仍會繼續運作，直到完成傳宗接代的任務。

剛才描述了許多讓無頭人延續生命的方法，其實一直都有醫師在研究，他們的目的並不是要做慘絕人寰的祕密實驗，而是打算「移植頭顱」。這個構想由來已久，一九七〇年代也曾有研究團隊替猴子換上另一顆頭顱，而且存活了

2 《南疆繹史》：「坦生名剛中，陵縣進士，官山西副使。甫抵任，城陷於賊，被執；説之降，大罵曰：『豈有藺坦生屈膝求活者乎！』賊殺之。首墜地，復躍起丈餘，賊皆辟易。時甲申二月五日也。」

八天[3]。

對二十一世紀的外科醫師來說，接合動脈、靜脈、肌肉、頸椎，換顆頭顱、抑制排斥絕對不成問題，最大困難在於該如何接續截斷的脊髓，並恢復正常功能。

雖然仍有許多技術需要突破，而且「換頭」的道德議題依舊爭論不休，但是對於某些大腦正常，卻因肌肉萎縮症逐漸癱瘓、困在軀殼裡的患者來說，擁有行動自如的身體是令人無限憧憬的美夢。

---

3 White RJ, Wolin LR, Massopust LC Jr, Taslitz N, Verdura J. Primate cephalic transplantation: neurogenic separation, vascular association. Transplant Proc. 1971 Mar; 3(1):602-4.

死人也能射精？

曾經有則匪夷所思的新聞，報導一位在停屍間工作的婦人被警方逮捕，因為她涉嫌與一名死者性交。據稱她在梳洗死者時，見到他的陰莖呈勃起狀態，於是便跨上去性交，沒想到死者竟然射精，而婦人更因此懷孕。後來這名婦人還提起訴訟，希望可以獲得部分遺產來養育孩子。

暫時不分析故事真假，讓我們再看則一千多年前的故事。

唐代開元年間，縣令崔廣宗犯了法被判死刑，但是在斬首之後，他的身體卻沒有死，於是家人把「他」扛了回家。

每當肚子餓的時候，崔廣宗會在地上寫個「飢」，家人便會將食物從脖子上的洞餵進去。吃飽之後，崔廣宗會寫個「止」，讓大家知道。如此過了三、四年，崔廣宗的妻子還替他生下一個兒子。

由此可見，無論古今，人們對於男人死後的性事依然充滿好奇與想像。

先來談談死人是否具有生殖能力？答案是肯定的。男人在心跳停止之後，精子並不會馬上死亡。如果希望保存精子，通常會建議在死後二十四小時內取得精子[1]，不過國際上也有在死後四十八小時取得精子，而且成功產下寶寶的記錄。目前的做法是直接將睪丸、副睪、輸精管切下來，經過處理後送入液態氮保存桶。將精子冷凍後能大大延長保存時間，目前已有使用冷凍二十多年的精子懷孕生子的案例。換言之，即使一個男人的肉體死亡，他的生殖能力仍然有機會延續許多年。

接下來咱們研究看看，死人有辦法射精嗎？

射精和膝跳反射一樣都是脊髓的反射動作，不需要大腦參與。只要性器官受到一定強度的刺激時，薦椎神經便會觸發射精，甚至不需要刺激性器官，直接對薦椎神經電擊也能引起反射。

從一九三〇年代開始，便有人將電極放入動物的直腸內，藉著電刺激讓動物射精。雖然用手也有機會完成取精任務，可是動物們可不見得會乖乖配合，所以電擊取精被廣泛用在多種動物身上。

後來，漸漸有人將電極取精的方法運用到人類身上，希望替脊髓損傷的患者取出精液，如今已是經常使用的方法。但是，千萬別以為使用電擊觸發射精會讓人感到愉悅喔，這樣的電擊通常會疼痛不適，除非患者脊髓損傷下半身毫無知覺，否則大多需要在麻醉下進行。

電擊取精對腦死患者當然有效，因為在維生機器的協助下，身體器官皆能得到足夠的氧氣，並維持生理功能。至於心跳停止的患者能否在電擊刺激下排出精液呢？

目前似乎沒有在人的屍體上做過這樣的實驗，但是理論上應該有機會成功，因為我們的神經、肌肉對於缺氧皆有一定的耐受度，不會立刻死亡。所以在剛死亡的時候用電刺激薦椎神經，應該可以觸發射精。

根據一九七〇年代的文獻[2]，研究人員曾在一隻鹿死亡後電擊取精，死亡

1 Shefi S, Raviv G, Eisenberg ML, Weissenberg R, Jalalian L, Levron J, Band G, Turek PJ, Madgar I. Posthumous sperm retrieval: analysis of time interval to harvest sperm. Hum Reprod. 2006 Nov;21(11):2890-3.

二十分鐘內那隻鹿射精了三次。

由於肌肉收縮會消耗能量，如果沒有供給氧氣，肌肉細胞便會失去收縮能力，就算肌肉細胞尚未死亡，大概也沒辦法繼續射精。

回到開頭的故事，男人在死亡之後陰莖的確可能呈現勃起或半勃起狀態，例如絞死、頭部中彈導致快速死亡時，陰莖可能勃起，這個現象又被稱為「天使的慾望」。不過，送進停屍間的屍體通常已經死亡一段時間，即使用電擊也無法觸發射精，更不可能靠著性交來傳宗接代。

---

2 Jaczewski Z, Jasiorowski T. Observations on the electroejaculation in red deer. Acta Theriol (Warsz). 1974 May; 19(1-13):151-7.

死人骨頭可以治病強身？

古老敘利亞文明的醫書中有個東西叫做「mumia」，著名的波斯醫學家伊本・西那認為mumia可以拿來當作藥物，而且使用範圍很廣，不但可以當作解毒劑，還可以治療膿瘍、骨折、癱瘓、肝病、肺病、心臟病、喉嚨痛、消化不良。他會建議患者搭配草藥、牛奶或葡萄酒一起服用。

或許你會覺得mumia這個字有點眼熟，沒錯，經常出現在電影中扮演邪惡黑暗勢力的mummy（木乃伊）便是由這個字衍生出來的。

將枯乾的木乃伊吃下肚子實在聳人聽聞，不過這樣的做法曾經流行了好幾百年。從西元十二世紀開始，歐洲流行將木乃伊當作藥物，最佳的貨源就是埃及。生活於古埃及，死後被製成了木乃伊希望得到永生的人們肯定料想不到，他們的屍體會在千百年後被挖掘出土並被當成「貨物」出口。當時的醫師經常開出木乃伊處方，而藥商將木乃伊磨成粉末來販售。法國國王法蘭索瓦一世會隨身攜帶木乃伊粉，以備不時之需。

隨著需求量越來越高，從埃及挖掘出來的木乃伊「正貨」自然是供不應求，於是許多「假貨」應運而生，充斥在市面上。商販不擇手段地取得乞丐、奴隸或是死刑犯的屍體，然後將它防腐、乾燥、包紮，處理成好像是年代久遠的木乃伊，以此牟利。

使用木乃伊治病的風潮是否曾經隨著貿易流傳到東方，我們不得而知。不過在西元十四世紀，元代陶宗儀所寫的《南村輟耕錄》中有這麼一段記載，「回回田地有年七十八歲老人，自願舍身濟眾者，絕不飲食，惟澡身啖蜜。經月，便溺皆蜜，既死，國人殮以石棺，仍滿用蜜浸鐫志歲月於棺蓋，瘞之。俟百年後，啟封，則蜜劑也。凡人損折肢體，食少許，立愈。雖彼中亦不多得，俗曰蜜人，番言木乃伊。」

文中的「回回田地」在《本草綱目》中被改為「天方國」，指的是阿拉伯地區。他說當地的老人若想捨身濟眾，便會禁絕飲食，只吃蜂蜜。待老人過世後，人們會將屍體浸入裝滿蜂蜜的石棺，百年之後再開封，便成了一缸「蜜劑」，骨折的患者服用少許即會立刻痊癒。

稍加琢磨便會發現，「取用石棺中年代久遠的屍體來治療骨折」的敘述似乎可以見到歐洲木乃伊療法的影子。或許在語言不通、雞同鴨講的狀況下，東方人將防腐的過程解讀為「浸在蜜中」，再經過口耳相傳、添油加醋而漸漸走樣。

不過，縱使木乃伊療法沒有在中國廣為流傳，卻也有許多患者曾經吃過「死人骨頭」。《本草綱目》中有一味藥叫做「天靈蓋」，沒錯，正是人的頭蓋骨。書裡頭說，「凡用彌腐爛者乃佳。有一片如三指闊者，取得，用灰火罨一夜。待腥穢氣盡，卻用童男溺，於瓷鍋子中煮一伏時，漉出。於屋下掘一坑，深一尺，置骨於中一伏時，其藥魂歸神妙。」他們會取下腐屍的天靈蓋然後用灰火、童子尿處理，文中的「一伏時」本為「一複時」，指「地支相重之時」，例如子時到子時、午時到午時，也就是二十四小時。

天靈蓋被磨成粉末，用來治療結核[1]、青盲不見、膈氣不食、痘瘡陷伏、

1 《備急千金要方》治骨蒸方：天靈蓋如梳大，炙令黃，碎，以水五升，煮取二升，分三服。起死人神方。

下部疳瘡等問題，更還被視為「起死神方」。

另外，死屍的枕骨亦有人服用。編修於唐代的《南史》中有段關於徐嗣伯的故事，徐嗣伯是南北朝的醫家，相傳他在診視病人後請他們去古墓中拿枕骨來煮湯服用[2]。爾後便有許多醫書將死屍枕骨收為藥方，例如西元十六世紀的《本草蒙筌》即如此寫道，「故尸枕，取自塚中，用水煮服。能除三病，俱獲全功。治尸疰沉滯身間，頓服則魂氣飛越。」

看來，令人退避三舍的死人骨頭曾經被視為救命良藥，甚至奇貨可居呢。

2《南史》：常有嫗人患滯冷，積年不差。嗣伯為診之曰：「此尸注也，當取死人枕煮服之乃愈。」於是往古塚中取枕，枕已一邊腐缺，服之即差。後秣陵人張景，年十五，腹脹面黃，眾醫不能療，以問嗣伯。嗣伯曰：「此石蚘耳，極難療。當取死人枕煮之。」依語煮枕，以湯投之，得大利，並蚘蟲頭堅如石，五升，病即差。後沉僧翼患眼痛，又多見鬼物，以問嗣伯。嗣伯曰：「邪氣入肝，可覓死人枕煮服之。竟，可埋枕於故處。」如其言又愈。王晏問之曰：「三病不同，而皆用死人枕而俱差，何也？」答曰：「尸注者，鬼氣伏而未起，故令人沉滯。得死人枕投之，魂氣飛越，不得復附體，故尸注可差。石蚘者久蚘也，醫療既僻，蚘蟲轉堅，世間藥不能遣，所以須鬼物驅之然後可散，故令煮死人枕也。夫邪氣入肝，故使眼痛而見魍魎，應須而邪物以鉤之，故用死人枕也。氣因枕去，故令埋於塚間也。」

死後肉體如何變化？

人是肉做的，所以在心跳停止之後便會成為其他動物的大餐。西元十三世紀的《洗冤集錄》是本法醫專書，裡頭寫了很多驗屍的要領，該怎麼檢查、該注意什麼、該問那些問題，希望可以發掘隱情，明察秋毫。

作者宋慈對於屍體的變化做了一番觀察，並分別描述屍體於春夏秋冬會出現的變化。

他說天氣很熱的時候，屍體的皮肉只要一天就會開始改變，經過三、四天即腫脹長蛆，口、鼻滲出液體，頭髮逐漸掉落。天氣很冷的時候，屍體變化會減緩許多，冬季五天的變化，在夏季僅需要一天；冬季半個月的變化，在夏季僅需要三、四天。春秋兩季的氣溫較平和，兩、三天的變化和夏季一天的變化差不多。但是隨著死者的年齡、胖瘦也有所差異，年輕、肥胖的屍體腐爛較快，年老、乾瘦的屍體腐爛較慢。山裡溫差較大，也要納入考量。

面對腐爛流湯長蛆的屍體肯定不是賞心悅目的差事，但研究屍體腐爛速度非常重要，因為可以藉此回推大致死亡時間，為案件偵辦提供更多線索。

如今，這些學問已經發展為法醫昆蟲學。研究人員發現肉蠅、麗蠅於幾分鐘後便會抵達陳屍現場，隨之而來的還有家蠅及其他各種甲蟲。

雌麗蠅每次可以產下兩百多顆卵，大約十二個小時後即孵化為一齡幼蟲，這些沒有腳的小蟲會扭動身體努力找尋食物。潮濕、柔軟的部位是蒼蠅的最愛，例如口腔、鼻腔、眼睛都極受歡迎。倘若屍體全裸，那會陰、肛門也是蠅蛆聚集吃大餐的所在。吃下人肉大餐後，蠅蛆會蛻皮成為二齡幼蟲、三齡幼蟲。

周邊的溫度能夠影響蛆的成長，例如氣溫在攝氏三十度左右，只要兩、三天便能進展到三齡幼蟲。當氣溫在十三度左右，可能要八天才會進展到三齡幼蟲。大量孳生的蛆可能會在短短幾天內把屍體吃得乾乾淨淨。

《洗冤集錄》中有一段話值得注意，「更有暑月，九竅內未有蛆蟲，卻於太陽穴、髮際內、兩脅、腹內先有蛆出，必此處有損。」這是說，假使屍體的眼、耳、口、鼻尚未見到蠅蛆，而太陽穴、髮際、胸腹卻有蠅蛆，那就代表這些地方曾經受傷。因為受傷流血的部位對蒼蠅有著擋不住的吸引力，將會最早長出蛆來，也被分解得最快。這是非常重要的警訊，提醒辦案人員死者可能曾經遭受暴力，凶殺可能性很高。

除了蒼蠅，還有各種甲蟲會陸續加入人肉盛宴，有些以腐肉為食，有些則吃那些白白胖胖的蛆。

了解蟲子的種類、數量、陳屍地的氣溫，皆有助於推估死亡時間。如今，有些學者還嘗試從蛆的身上取得死者的DNA，希望可以協助辨別死者的身分。

腐爛屍身是蟲子眼中的大餐，不過對大多數人來說應該都是避之唯恐不及。宋慈寫到「驗壞爛尸」時特別提醒讀者，「若避臭穢不親臨，往往誤事。尸首變動，臭不可近，當燒蒼術、皂角辟之，用麻油塗鼻，或作紙攄子搵油塞兩鼻孔，仍以生薑小塊置口內。遇檢，切用猛閉口，恐穢氣沖入。」

幾百年前沒有口罩，面對腐屍他們只能用「麻油塗鼻」或紙團沾油塞進鼻孔，然後嘴裡放塊生薑，對抗惡臭。

不過，即使有二十一世紀的口罩，隔絕氣味的效果恐怕還是十分有限，要走近腐屍依然需要極大的定力。我們不得不說，願意親臨現場，聆聽腐朽屍身的法醫們實在可敬可佩。

死後為什麼會出現屍斑？

當心臟停止跳動之後，血液循環也隨之中止，受到重力影響懸浮其中的血球開始沉澱，大約二、三十分鐘後便會開始出現屍斑（livor mortis），拉丁文中 livor 指的是藍斑，mortis 則是死亡。

如果吊死後維持直立，手、腳、會陰的屍斑會很明顯。如果死者仰躺，其後背皮膚中的微血管將會聚積大量紅血球使皮膚呈現深紅色或紫藍色斑塊，而臉部、前胸的皮膚則顯得蒼白。這些斑塊會逐漸擴大並連成一大片。

剛開始這些沉積的血球還能夠移動，所以用指頭按壓屍斑，顏色會褪去，若於死亡八個小時內移動屍體亦可能改變屍斑的分布。爾後，屍斑會漸漸固定，即使按壓也不會退去。從屍斑的狀況可以約略估計死亡時間，不過誤差頗大，屍斑最主要的功能在於判斷屍體是否曾經被人移動。

屍斑的顏色有時候與死者接觸的化學物質或周遭環境有關，例如一氧化碳中毒、氰化物中毒的人，屍斑會呈現櫻桃紅；低溫也會讓屍斑較為粉紅。若有嚴重貧血或大量失血的死者屍斑較少。

顏色較深的屍斑有時會遮蔽患者身上較不明顯的傷痕，所以在進行解剖，體內血液排掉之後，若再度檢視屍體外觀，可能會見到原本被屍斑遮蔽的傷痕。

死亡較久的屍體，鬱積的血液有時會形成皮下出血，這樣的狀況不容易與生前瘀血區分，容易干擾判斷。屍斑同樣會出現在內臟，使器官呈現鬱血的模樣，有時會讓心臟看起來像心肌梗塞，肺臟看起來肺炎。

雖然稱為屍斑，但可不一定要在死亡後才會出現，某些心肺衰竭、嚴重休克的患者因為血液流動速度緩慢，血球逐漸沉澱，所以在死亡之前便可能出現屍斑。

死人可以復活？

二〇一五年一月十九日上午十一點多，十四歲男孩約翰與兩個朋友在結冰的路易斯湖上行走，看似厚實的冰塊卻突然裂開，三個人便掉入冰冷的湖裡。驚慌失措中，約翰消失得無影無蹤。

人們在水中找到約翰並把他拉出來的時候，約翰已經溺水超過十五分鐘。因為沒有呼吸、心跳，緊急救護員開始施行心肺復甦術。送到急診室後，醫師接手急救，又進行了二十七分鐘。

就在醫師準備放棄急救時，約翰的心臟忽然恢復跳動。前前後後約翰大約死了四十五分鐘。

雖然恢復生命跡象，但是醫護人員仍然不敢抱持太大的希望，畢竟腦部非常脆弱，只要缺氧幾分鐘便會造成永久傷害，即使僥倖存活，也可能變成長期臥床的植物人。

沒想到在住院四十八小時後，約翰便張開眼睛而且能夠回答醫師的問題。接下來幾天約翰復原得很好，便在二月四日出院。

在冰冷刺骨的水中遇溺聽起來很可怕，不過若非冰水幫了大忙，約翰恐怕沒有機會生還。

文獻上「溺死」在冰水中並於搶救後「死而復生」的例子還不少，甚至有人在水面下待了超過一個小時才被救出來，經過數十分鐘不等的心肺復甦術終於回復心跳。大部分患者會在加護病房裡過世，不過也有部分患者能夠幸運地撿回一條命。

這是因為低溫能夠降低細胞的代謝速率，耗氧量降低，使人體可以耐受較長時間的缺氧。由於低溫能提供一定程度的保護作用，臨床上也常拿來運用。器官移植時，我們會將取出的器官放進冰水中以延長保存時間。心臟手術過程中，若需要讓心臟停止仰賴體外循環機時也會刻意降溫，替外科醫師爭取多一點時間。

然而，這些曾經死而復生被視為奇蹟的患者雖然活動自如，表面上看似完全恢復，卻或多或少有些缺憾。後續追蹤中，神經學家發現他們的大腦在核磁共振影像中看起來沒有明顯問題，但是經由神經學測試即可發現其記憶、認知、語言功能均有不同程度的衰退[1]，顯然溺水缺氧仍對部分大腦造成了永久傷害。

談到低溫，大家應該都會聯想到科幻電影中將人體冷凍保存多年再復活的橋段，聽起來很棒，可惜目前無法實現。因為將人體冷凍之後，細胞內的水分會結冰膨脹，可能破壞細胞及組織。只要看看凍豆腐就很容易理解，原本柔嫩細緻的豆腐在冷凍之後變硬且充滿空洞，如果大腦變成那樣，大概都報銷了。另外，含有電解質的溶液在結冰的過程中濃度會出現變化，好比將一杯糖水放進冷凍庫，結冰之後外層會變得很甜，內部則會是沒有甜味的冰塊。我們身體的細胞皆需要在濃度適當的溶液中才有辦法存活，否則便會脫水或脹破。

由此可見，低溫能夠提升人體對於缺氧的耐受度，但是如果降到冰點以下，大概就沒有生還機會了。

1 Samuelson H, Nekludov M, Levander M. Neuropsychological outcome following near-drowning in ice water: two adult case studies. J Int Neuropsychol Soc. 2008 Jul;14(4):660-6.

屍體為什麼會硬梆梆？

過去曾經有一陣子很流行殭屍電影，那些從棺材裡跑出來，全身直挺挺、雙手前伸跳來跳去的「陳年老屍」讓許多小朋友驚聲尖叫、噩夢連連，也在大家腦海中留下了「死人都很僵硬」的印象。

其實，大多數的屍體都是全身軟趴趴，一點都不僵硬。有經驗的人便曉得，失去意識、全身癱軟的患者很難搬，通常需要兩、三個人才有辦法，這和剛死亡的狀態非常類似。

死亡二至六小時後，屍體才會逐漸變僵硬，被稱為屍僵（rigor mortis）。人體肌肉以三磷酸腺苷（Adenosine Triphosphate，簡稱 ATP）為能量來源，肌肉纖維需要三磷酸腺苷才能滑動、收縮。死亡之後，細胞代謝停止無法繼續生成三磷酸腺苷，隨著三磷酸腺苷的含量越來越少，肌肉便越來越僵硬。屍僵會從眼皮、下顎、頸部這些較小型的肌肉開始，漸漸擴展到全身肌肉。屍僵在維持一至三天後，又會漸漸退去，回復放鬆癱軟的狀態。所以說，屍體僵硬的時間僅有短短幾天，並不是我們想像中的越久越硬，甚至變成陳年僵屍。

由於屍體具有從癱軟到僵硬，再從僵硬到癱軟的特性，讓法醫可以藉此解讀屍體。例如僵硬的屍體呈現不尋常的姿勢時，通常代表有人移動過屍體，極可能是兇殺棄屍。至於屍僵的程度則可以被用來估算死亡時間。

不過屍僵的進展會受到許多因素影響，所以法醫學家做了一系列實驗來研究屍僵。為了精準控制各種變相，法醫學家用老鼠來做實驗。他們發現外界溫度對屍僵的影響很大[1]。

攝氏六度時，屍體需要四十八至六十個小時才會完全僵硬，並在一百六十八個小時後才會完全消失。

攝氏二十四度時，屍體在五個小時便會完全僵硬，並在十六個小時後消失。

攝氏三十七度時，只要三個小時屍體即完全僵硬，並於六個小時後消失。

1 Krompecher T. Experimental evaluation of rigor mortis. V. Effect of various temperatures on the evolution of rigor mortis. Forensic Sci Int. 1981 Jan-Feb; 17(1):19-26.

人體的肌肉比老鼠大很多，屍僵延續的時間也較長。法醫學家觀察了一百四十六具冷藏於攝氏四度的屍體，發現所有屍體的屍僵都能維持十天，甚至達到十六天，完全消退則可能需要二十八天[2]。

中毒死亡的屍體，屍僵的時間亦不相同。番木鱉鹼（Strychnine）中毒會加速屍僵的出現及消退，一氧化碳中毒則會延緩屍僵消退的時間[3]。

另一項會影響屍僵時間的因素是運動，為什麼運動會影響屍僵呢？如同方才提到的，屍僵的出現與肌肉細胞內三磷酸腺苷的量有關，死亡之前若有劇烈運動，三磷酸腺苷被消耗掉了，屍僵便會較快形成。

倘若死者被發現時手中握著刀子、頭髮或其他的東西，通常便暗示死亡之前曾經有過一番掙扎、打鬥，告訴鑑識人員要提高警覺。

---

2 Varetto L, Curto O. Long persistence of rigor mortis at constant low temperature. Forensic Sci Int. 2005 Jan 6; 147(1):31-4.

3 Krompecher T, Bergerioux C, Brandt-Casadevall C, Gujer HR. Experimental evaluation of rigor mortis. VI. Effect of various causes of death on the evolution of rigor mortis. Forensic Sci Int. 1983 Jul; 22(1):1-9.

瞬間屍僵，死而不倒？

讓我們看個三國時代的故事。

西元一九七年，曹操遭到張繡偷襲，猛將典韋奮力守住寨門。典韋身形魁梧，拿手兵器是大雙戟與長刀，傳說他的雙戟有八十斤重，揮舞起來虎虎生風當者披靡。典韋白天跟著曹操，晚上則睡在曹操的營帳旁。那天夜裡遭到偷襲的曹操倉皇逃走，來不及穿上鎧甲的典韋隨手拿了士兵的腰刀應戰。典韋殺了二十幾個人，雖然身中數十鎗，兀自死戰。腰刀砍壞了之後，典韋乾脆提起兩個士兵當武器，又擊死了八、九個人。見典韋如此神勇，敵方不敢走近，只能站得遠遠的射弓箭，箭雨中典韋依然不退不讓。最後，有人從典韋背後攻擊，中鎗後典韋大叫數聲而死。死了好一會兒，敵方還是不敢從前門進入。這段故事被評為「死典韋足拒生賊軍」。逃過一劫的曹操感念典韋，於是親自祭奠，還為他號哭。

另一段類似的故事主角是日本武士弁慶，武功高強的弁慶在五条橋決鬥中敗給源義經，於是成為他的家臣。

弁慶陪著源義經與其兄長源賴朝討伐平氏家族，然而在重創平氏家族後，源賴朝卻開始猜忌源義經，更決定除之而後快。西元一一八九年源義經被大軍包圍，眼見死劫難逃，源義經進入佛堂誦經準備自盡，手下眾武士也捨身死戰。弁慶雖被包圍仍奮力拚戰斬殺多人，敵軍只好選擇放箭，弁慶身上插滿了箭，但是依然昂首而立。直到弁慶被一匹馬撞倒，大家才鬆了一口氣。源義經誦完經便回到房間殺了妻女隨後自盡。如此悲壯的故事被傳誦數百年，「弁慶立往生」的形象也深植人心。

看到這裡，大家一定很好奇，拚戰到最後的勇士是否有可能在死亡瞬間屍僵而屹立不搖呢？

肌肉細胞內三磷酸腺苷的含量將關係到屍僵發生的時間，耗盡三磷酸腺苷的肌肉會比較早變僵硬。

在老鼠實驗中，死前運動過的老鼠初期會出現較強的屍僵，不過進展到最大強度屍僵的時間相同。

如果想盡可能耗掉肌肉細胞內的三磷酸腺苷，較極端的方法是電擊。電流會使全身肌肉強力收縮，進而迅速消耗三磷酸腺苷。

法醫學家觀察接受電刑的死囚，發現接受九十秒電殛的死囚，屍僵時間提前許多，僅一個小時便完全僵硬，對照組則為五個小時；電殛死囚的屍僵於三個小時後開始消退，對照組則於八個小時後開始消退。

這幾個實驗結果，應該可以解答「瞬間屍僵」的疑惑。即使是電殛如此極端的方式都沒辦法讓整個身體瞬間屍僵，要靠劇烈運動耗盡三磷酸腺苷而產生瞬間屍僵的機會應該是微乎其微。再說，一個人要維持直立需要仰賴平衡系統持續微調，想讓僵直的屍體直挺挺站立實在非常困難。典韋與弁慶的事蹟大概都是後人添油加醋創造出來的想像，雖然很動人，但是可不能當真。

毀屍滅跡難不難？

無論在電影裡或是現實世界，毀屍滅跡是經常出現的情節。為了湮滅罪證，凶手會想盡辦法把屍體藏起來，有人會把屍體扔進河裡，有人會挖坑掩埋，有人會淋上汽油放火燒，這些方法到底管不管用呢？

大多數的凶手恐怕都不曉得，這些做法幾乎都無法毀屍滅跡，甚至適得其反。

暴露在室外的屍體分解速度最快，因為大量滋生的蛆及其他的昆蟲能在短時間裡將屍體吃得乾乾淨淨，剩下一具枯骨。若將屍體塞進桶子或行李箱中讓昆蟲大軍無法靠近，分解的速度就會慢很多。

把屍體拋進河流或湖泊，分解速度也會變慢，而且當體內細菌大量繁殖後會生成許多氣體，讓屍體像充氣的氣球一般往上浮，很容易被發現。氣候溫熱的地方，可能只要二十四小時，屍體便會浮出水面，氣候寒冷的地方則需要

一、兩個禮拜。若是將屍體丟進海裡，高濃度的鹽分會進一步減緩分解速度。

為了不讓屍體浮出水面，狡猾一點的凶手會把屍體和重物綁在一塊兒，看似萬無一失，但是，當屍體逐漸腐爛，手腕、頸子、腳踝等關節皆可能脫落，屍體便會與重物分離，然後浮出水面。

挖坑掩埋是常見的做法，然而凶手一定料想不到，埋進土裡的屍體分解速度又比泡在水中還要慢，假使沙土乾燥，屍體存留的時間將大幅延長。埋得越深，屍體也可以存放越久。

倘若屍體被發現時已化成一堆白骨，法醫可以依據人類學資料庫，判斷死者的性別、年齡、種族，並依據幾根骨頭的尺寸推測死者生前的身高。辦案範圍縮小後，便有機會從失蹤人口中篩選出可能的對象。

另外DNA也是辨識身分的利器。堅硬的骨頭、牙齒能夠長期保存DNA，甚至有科學家由四十萬年前的化石中成功地萃取出DNA。

既然泡水、挖坑都無法毀屍滅跡，肯定有人會打算放一把火燒了，甚至故布疑陣偽裝成住宅火災或是火燒車。可是一般火災的溫度其實很難將屍體燒得很徹底，所以只要屍體被燒成了骨灰，鑑識人員大概就曉得現場曾經使用汽油等燃料，蓄意縱火的可能性很高。

再說，即使屍體被燒成了骨灰，仍然有機會辨識出死者的身分。如果有可能的對象，鑑識人員會嘗試取得牙科 X 光片比對，就算僅有一、兩顆牙齒，也能夠確認身分。

由此可知，徹底毀屍滅跡幾乎是不可能的任務，凶手自以為天衣無縫的計畫，往往都是漏洞百出。

永生不死如何實現？

自古以來世界各地的人們都嚮往永生，無論是王公貴族或是平民百姓皆絞盡腦汁，有人上山下海求仙藥，有人自己煉丹，有人飲用鮮血，有人勤練房中術採陰補陽，但是從來沒有人逃出死神的手掌心。

二十世紀初，洛克菲勒中心傳出了令世人瘋狂的消息，卡雷爾醫師（Alexis Carrel, 1873-1944）宣稱培養出永遠不死的雞心。卡雷爾是位外科醫師，因為發展出血管吻合技術而獲得一九一二年的諾貝爾醫學生理獎。卡雷爾懷抱遠大的夢想，希望有一天可以培養出各種器官，像零件一樣，只要壞了就移植替換，如此一來便可望得到永生。

卡雷爾醫師設計出一套循環系統，可以持續供給新鮮培養液，然後切下雞胚胎的心肌細胞放進培養基中。在細心照料下，這些心肌細胞活得好好的，會收縮也能分裂。卡雷爾深信自己即將破解老化、死亡的祕密並加以克服。

大多數雞的壽命只有三至五年，不過卡雷爾的心肌細胞卻活過了五年、十年、十五年、二十年。每年一月十七日卡雷爾都會和實驗室同仁一塊兒高唱生日快樂歌為雞心細胞「慶生」，媒體也都瘋狂報導，彷彿永生的夢想即將實現。

可惜，這場美夢終究還是破碎了，一九四四年卡雷爾與世長辭。卡雷爾去世的時候，實驗室裡的心肌細胞依然活著，又過了兩年人們才終止實驗，最久的心肌細胞存活了三十四年。

有人相信卡雷爾的實驗是醫學大突破，但是也有人認為那是一場荒謬大騙局，因為其他研究人員都沒有辦法成功複製卡雷爾的實驗。

一九六〇年代，生物學家海弗利克拿人類胚胎組織做實驗，他發現人類細胞最多只會分裂五十次左右，爾後便會漸漸邁向死亡。這個限制被稱為「海弗利克極限」，也讓卡雷爾的永生神話幻滅。

其實，我們體內偶爾還是會出現能夠持續增殖分裂的細胞，不過千萬別高興得太早，因為這些就是令人聞之色變的癌細胞，瘋狂分裂的癌細胞將徹底失控，既能侵犯周邊組織更能遠處轉移，它們帶來的通常不是永生，而是死亡。

靈魂究竟有多重？

千百年來許多人都相信「靈魂」是身體的主宰，駕駛操控著外在軀殼。關於靈魂的說法多如牛毛，有些認為靈魂會上天堂，有些認為靈魂會在人間遊走，有些認為靈魂會繼續投胎轉世，有些認為靈魂偶爾可以出竅神遊。由於大家都找不到證據，這些說法也各有擁護者。

二十世紀初，麻州的麥克杜格爾醫師決定做個實驗來證明，他認為只要秤量一個人生前及死後的重量，便能由重量變化來確認靈魂存在[1]。這是相當單純也很實際的構想。麥克杜格爾醫師讓垂死的患者躺在特製的床上，下方即是精準調校的天平。

第一位病人罹患了肺結核，死前已非常虛弱。麥克杜格爾醫師在旁邊觀察

1 MacDougall D. Hypothesis concerning soul substance together with experimental evidence of the existence of such substance. American Medicine. 1907. April 1907.

了三小時四十分鐘，他發現在死亡之前，患者的體重每小時會下降一盎司，約二十八．三五公克，這是因為水分經由皮膚或呼吸道散失。患者斷氣時，天平突然傾斜，在幾秒鐘裡減輕了四分之三盎司，約二十一．二六公克。他很興奮，認為自己量出了靈魂的重量。

接著，麥克杜格爾醫師又量測了幾位死於肺結核、糖尿病的男人或女人，並詳細記錄體重變化。不過有時候患者太快死亡，讓他沒有足夠的時間調好天平。

除了量測人類，麥克杜格爾醫師還找來十五隻狗做實驗，並用了一些藥物讓狗兒靜靜地躺在天平上。由於狗的體重於死亡之後沒有變化，所以麥克杜格爾醫師認為這是人類與其他動物的差別。爾後有研究人員拿老鼠來做實驗，發現老鼠的體重在死亡之後也沒有變化。

從該篇論文中可以看出他們真的很有實驗精神，為了確認肺臟裡的空氣對於體重的影響，麥克杜格爾醫師和同事分別躺到床上，他們發現用力呼氣及吸氣對天平沒有影響。

麥克杜格爾醫師承認這樣的測量方式可能存在誤差，需要更多的實驗來確認生前死後的體重變化究竟是靈魂或是其他尚未明瞭的現象。

後來，麥克杜格爾醫師又做了很多嘗試想把靈魂拍下來，但是皆無法提出更多關於靈魂的證據。

從現在的觀點來看，麥克杜格爾醫師的實驗有許多瑕疵，量出來的數據並不足以採信，但是他們實事求是的驗證精神，正是引領人類解開生命謎團的重要關鍵。

電流如何殺死人？

「電」是極方便好用的能源，現代化世界非常仰賴電力來驅動。因為習慣電力的存在，也常讓人低估甚至忽略了電力的危險。

從天而降的閃電可能超過一億伏特，不幸被擊中的人當然是凶多吉少，然而一百伏特的家用電壓也不是省油的燈，甚至連四十幾伏特的直流電都可能致人於死。

流經人體的電流強度是決定生死的重要關鍵。超過十毫安培的電流會使人感到疼痛，超過十六毫安培的電流會導致肌肉強直，使人失去逃離危險的能力。有過觸電經驗的人常會說：「我的手被黏住了，想放也放不開。」其實，並非電線有黏性，而是因為電流使我們的肌肉同時收縮。正常狀況下，我們肢體的伸肌及屈肌需要彼此協調，一側收縮、一側放鬆才能夠順利活動。當伸肌與屈肌同時收縮時，肢體將動彈不得。由於想放卻放不開、想縮卻縮不回來，所以才會讓人有「被黏住」的感覺。

當電流達到二十毫安培時，呼吸肌跟著失去作用，既不能吸氣、也無法呼氣，這便是電流殺人的第一招「窒息」。很快的，傷者就會陷入昏迷，並於幾分鐘內死亡。

若電流達到一百毫安培，傷者的心臟可能出現心室顫動[1]，這一招比窒息更致命。心臟必須以正常的節律收縮才有辦法推動全身血液，當心肌像顫抖一樣不規則收縮時，血液循環將立刻中止，幾秒鐘內傷者就會失去意識。

此外，流經身體的電流也會產生熱量燒灼組織，藏在深層的神經、血管都會被破壞。被電刺激持續強直收縮的肌肉細胞也會大量壞死，此即橫紋肌溶解症，隨之而來的將是電解質失衡與急性腎衰竭。

1 The National Institute for Occupational Safety and Health. Worker deaths by electrocution. NIOSH Publication No. 98-131. 2009

大夥兒在家中使用電器時一定要非常謹慎，千萬不要用潮濕的手去操作。因為粗糙乾燥皮膚的電阻可能高達十萬歐姆，潮濕皮膚的電阻則會降到一千歐姆，不慎觸電時，那將是生與死的差別[2]。

2 根據歐姆定律，電流等於電壓除以電阻，

把死者拉出鬼門關？

即使沒有親自操作過，大家也都曉得心肺復甦術大概的模樣，救護人員會跪在患者身邊，打直手臂按壓胸膛。按壓胸膛能讓肺臟得到新鮮空氣，並將心臟裡的血液推送出去維持血液循環，這個道理很容易理解，不過人類一直到最近幾十年才發展出這樣的做法。

古時候人們雖然會試圖把死人救活，但大概都是徒勞無功，由於過去的平均壽命僅三十多歲，大家較能接受死亡本來就是生命的一部分。

西元十六世紀時，大膽革新的解剖學家維薩里（Andreas Vesalius, 1514-1564）曾於動物身上做了件創舉，他用蘆葦桿插入動物氣管內以維持呼吸道暢通，類似現代的氣管內插管，然而受限於材質與技術，並沒有運用到人類身上。

文獻上第一次有意義的「心肺復甦」發生於十八世紀中葉，當時英國正要

十八世紀時搶救溺水的方法是對著肛門吹氣

邁向工業革命，燃料需求逐漸增加，為了開採煤礦免不了會發生礦坑災變。有一回外科醫師托薩（William Tossach, 1700?-1771）恰好遇上礦坑火災，其中一位工人於密閉礦坑中失去意識，被救出時已經沒了氣息。托薩醫師旋即施行「人工呼吸」，他將自己的嘴巴罩在礦工的嘴巴上然後規律地吹氣。不一會兒，這位礦工的胸膛漸漸出現起伏，眼睛也慢慢睜開，圍觀眾人皆看得目瞪口呆。四個小時後，這名起死回生的礦工站身來自行回家，四天後就返回礦坑工作。

托薩醫師的做法和礦工的復原實在太過離奇，被許多人斥為怪誕邪說。當時的醫學界偏好放血或用菸草薰肛門刺激患者甦醒，口對口人工呼吸並沒有被廣泛使用。

十九世紀中葉，麻醉藥的出現讓醫學往前跨出一大步，外科醫師終於可以氣定神閒地動手術，但有個問題很令人困擾，因為減輕痛楚的麻醉藥，有時候卻會奪走患者的性命。

經過反覆檢討，醫師們發現患者昏睡後若舌頭往後掉便會擋住呼吸道，而導致窒息死亡，大家漸漸了解到「暢通呼吸道」及「維持呼吸」的重要性，若是「沒氣」就會「沒命」。同樣的，對於窒息的患者來說，若能及時將卡在呼吸道的異物移除，就有機會撿回一命。

有學者為此發明了「舌鉗」，專門用來拉住病人的舌頭；有學者主張改變患者姿勢，藉著伸長患者頸部來暢通呼吸道；到了二十世紀初期，有人更直接將管子經由患者的嘴巴放進氣管，實現了十六世紀維薩里的構想。

醫學總是在持續不斷的試誤學習中前進，自一八五〇至一九五〇年這一百年間，醫學界就誕生了上百種急救方式，暢通呼吸道和幫助呼吸的方法五花八門，從每分鐘反覆做「拉舌頭、放開舌頭」十五下，到讓患者「一下俯臥、一下側躺」持續變換姿勢都有，而其中最流行的方法，莫過於將患者的手臂高舉過頭，藉由擴張胸腔而吸入空氣，再將患者的手臂收回胸前，以壓迫胸腔造成吐氣。「口對口人工呼吸」的做法雖然簡單，但人們擔心吐出的氣體中含有二氧化碳可能對患者不利，所以一直無法成為主流的急救方式。

二次大戰後詹姆士．艾倫（James Elam, 1918-1995）於美國擔任麻醉科住院醫師，當時小兒痲痺症盛行，許多病患因為呼吸抑制而喪命。艾倫醫師相

The "barrel" method. Commencement of the inspiratory phase.

The "barrel" method. Expiratory phase.

二十世紀初用大桶子做人工呼吸的方法

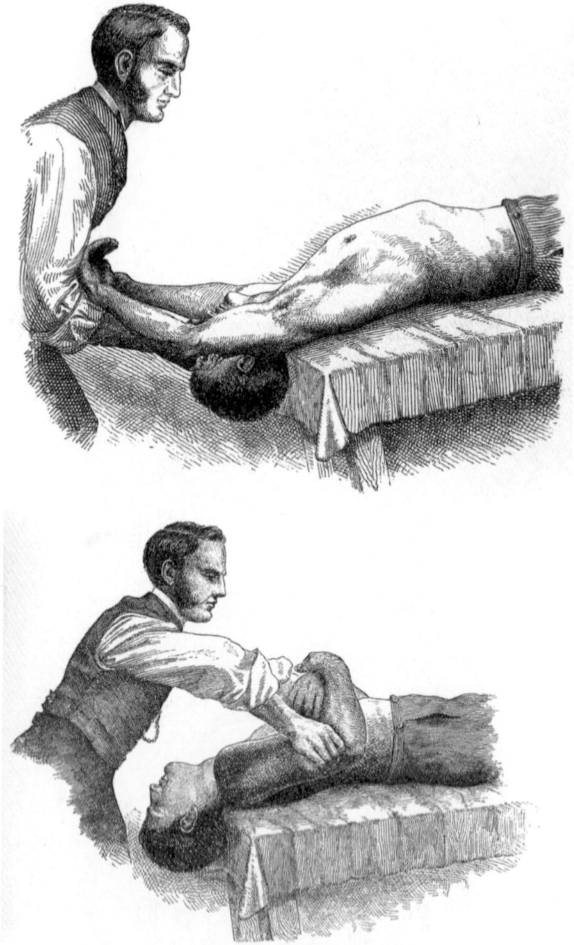

二十世紀初拉抬手臂做人工呼吸的方法

信，應該還有比把拉抬手臂更有效的治療方式。於是艾倫醫師開始在手術房內做測試，對象就是那些接受全身麻醉，處於昏睡、全身肢體癱瘓的患者。

每當外科醫師完成手術，準備讓患者醒過來時，艾倫醫師便會彎腰低頭，將嘴巴湊到病人的面罩，一邊吹氣，一邊監測血壓、心跳等生理數據。經過長時間實驗，艾倫醫師證實我們呼出的氣體雖然含有二氧化碳，但仍含有足夠的氧氣能用來救助失去自主呼吸的病人，並將結果發表在重量級醫學期刊《新英格蘭醫學雜誌》[1]。艾倫醫師發文後沒有造成太多迴響，不過引起了巴爾的摩醫院另一位麻醉科醫師彼得·沙法（Peter Safar, 1924-2003）的注意。

沙法醫師與艾倫醫師在麻醉醫學會上碰頭，兩人一拍即合聊到欲罷不能，沙法醫師一回到醫院就撇開原本的研究主題，著手鑽研「口對口人工呼吸」。艾倫醫師以接受手術全身麻醉的患者做實驗，沙法醫師則更進一步，直接招募

1 Elam JO, Brown ES, Elder JD. Artificial respiration by mouth to mask method. A study of the respiratory gas exchange of paralyzed patients ventilated by operator’s expired air. N Engl J Med 1954; 250: 749-54.

健康的人來當受試者。

沙法醫師替受試者注射能被當成「箭毒」的肌肉鬆弛劑，讓受試者全身骨骼肌癱瘓動彈不得，受試者的意識清醒，心臟正常跳動，卻無法自主呼吸。沙法醫師測試各種人工呼吸的方法，看看哪一種能讓受試者獲取較多氧氣。

當時巴爾的摩醫院手術室的角落經常會出現這樣的畫面。一大群醫師圍著某位躺在地上，而非躺在手術台上的受試者，這些受試者可能是醫學生、住院醫師，甚至是沙法醫師自己的老婆，在接受鎮靜藥物和肌肉鬆弛劑的注射後，全身鬆軟陷入昏睡。沙法醫師與同事們一會兒進行口對口人工呼吸，一會兒又要拉舌頭或抬手臂。

經由這些具有潛在危險且不盡人情的實驗，沙法醫師確信「口對口人工呼吸」優於其他各種人工呼吸，並進一步發現我們在提供氧氣前，還要壓額頭、抬下巴將頭仰高，以促使呼吸道暢通，口對口人工呼吸的效果才會更好。

沙法醫師等於建立急救流程ABC中的前兩步驟，A代表airway，即呼吸道暢通，B代表breathing，即人工呼吸，C代表circulation，即體外心臟按摩。沙法醫師與艾倫醫師開始聯手演講，四處推廣用「口對口人工呼吸」來救治突然倒地的患者。

可是，想推廣急救方法，最好要讓聽眾有臨床演練的機會，該找誰當示範病人呢？當時若在開刀房裡演講，大家會找一位預訂接受全身麻醉的患者來當示範病人，待麻藥生效之後，外科醫師便排隊一個個上前練習口對口人工呼吸。

若要向更多人演講，醫師們還會推著某位麻醉後的患者前往大講堂，讓大家學習口對口人工呼吸。

一九五七年，美國軍方採用他們的方法，以口對口人工呼吸來救治患者。不久後，口對口人工呼吸搭配心臟按摩成為標準的急救手段。

幾十年來心肺復甦術陸陸續續做了一些更動，如今口對口人工呼吸已經不是必要步驟（因為壓胸即可促使空氣進出肺臟），然而因為沙法醫師的諸多貢獻，人們皆稱他為「近代心肺復甦之父」。

安妮妳還好嗎？

流行天王麥可傑克森於一九八八年推出單曲《Smooth Criminal》。這首曲子的MV中麥可身穿白西裝，表演月球漫步及前傾四十五度角的驚人舞技，歌詞裡不斷重複的那句超洗腦歌詞「Annie, are you O.K?」（安妮，妳還好嗎？）更令人印象深刻。當時紐約時報的專欄評論是這樣描述歌詞內容：「麥可見到一位失去意識的女孩倒臥在染血的地毯上，接著像強迫症患者般反覆問著：『安妮，妳還好嗎？』很顯然，安妮一點都不好。」

你是否曾經感到疑惑，為什麼麥可不斷呼喊的女孩叫做「安妮」，而不是「瑪莉」或「蘿絲」？還是你會覺得這個名字似曾相識？

沒錯，會呼喊「安妮」，的確和大家在學心肺復甦術時所用的那具「甦醒安妮」有關。急救的第一個步驟便是拍拍患者的肩膀，問：「你還好嗎？」

我們談過沙法醫師與艾倫醫師發展口對口人工呼吸並催生心肺復甦術的故

事。當急救概念成形之後，最重要是讓更多民眾學會，才能在遭遇緊急狀況時迅速替身邊的患者急救，有效延續生命直到醫護人員接手為止。因此沙法醫師與艾倫醫師走出醫院，前去向消防隊員與童子軍推廣口對口人工呼吸，然而離開了醫院，就沒有接受全身麻醉的病人能夠上場。他們想出了一個方法，由艾倫醫師擔任解說員，講解口對口人工呼吸的步驟，沙法醫師則負責操作，而那位躺在推床上被施打肌肉鬆弛劑無法呼吸的示範病人，正是沙法醫師的太太。當演講結束後，沙法醫師再自己用手擠壓氣囊換氣直到太太恢復。想當然耳，這種方式執行一次很浪漫，兩次很義氣，若是持續不斷可就受不了了，因為被施打肌肉鬆弛劑後全身動彈不得，不但令人恐慌更可能有生命危險。

幸好，沙法醫師到挪威演講時觸動了玩具製造商賴德（Asmund Sigurd Laerdal, 1914-1981）的敏感神經。挪威海岸線很長，許多居民在海上討生活，孩子亦經常到海邊玩耍，因此經常有人溺水，舊式人工呼吸法在二次世界大戰前就已經列入挪威國民小學的教材。賴德的兒子在兩歲時差點溺斃，所以賴德很積極參與推廣紅十字會的急救課程，也聽到沙法醫師的演講。學會之後，賴德非常認同且對人工呼吸充滿信心。

他覺得這麼好的演講若因為缺少示範病人而無法推廣就太可惜了。那時賴德製造的小車玩具和安妮娃娃銷路不錯，於是他想：「如果將安妮娃娃放大，做成真人大小，並讓安妮娃娃的嘴巴打開，再連接呼吸道，我們就能用娃娃練習口對口人工呼吸了！」

製作模擬呼吸道及肺部的構想是個創舉，賴德花了一年多的時間研發，才做出滿意的成品，賴德興沖沖地將安妮娃娃搬到美國，讓沙法醫師檢視，沙法醫師建議於安妮娃娃胸腔內加入金屬圈，讓學員們可以做壓胸練習，急救的三個步驟ABC一併到位（airway, breathing, circulation）。大家所熟知的甦醒安妮（Resusci Anne）於焉誕生。有了這款實用的示範教具，再也不需要請人冒著生命施打肌肉鬆弛劑，更能在全世界大規模推廣心肺復甦術。

最後要提醒大家，下回在操作甦醒安妮時，記得看看她的臉龐，這張臉也是大有來頭。

當年，賴德潛心研發甦醒安妮時，於父母家中見到一幅畫，畫中是位漂亮女子的臉龐。賴德靈光乍現，叫道：「哇！這女孩好美，帶點謎樣色彩又不會太性感，正是我要找的臉龐！」

畫中女子是誰呢？沒有人曉得，她是十九世紀末在塞納河裡被發現的無名女屍。當時人們會將無名屍送往停屍間公開展示，希望民眾幫忙指認。你應該很難想像屍體對於群眾有多麼強大的吸引力，巴黎停屍間每天都會吸引上千人參觀，甚至被視為巴黎的「景點」之一。

這張帶著謎樣笑容的臉龐後來被製成石膏模型並成為暢銷商品，許多藝術家以此發想創作，甚至有糕餅師傅用她的臉製作糕餅，因緣際會下，這張臉又成了「甦醒安妮」的面容。

西元一九六〇年，「甦醒安妮」問世，並陸續加入更多功能成為急救訓練的標準教具。直到今天，已有無數人「親吻」過安妮，也有無數人因為心肺復甦術而撿回一條命。

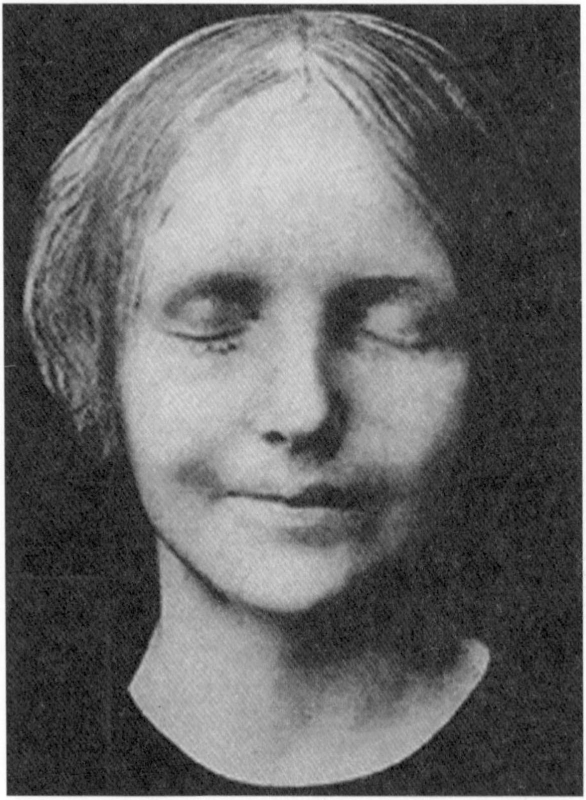

帶著謎樣笑容的無名女屍

L'inconnue de la Seine (masque mortuaire) Fotograf: unbekannt Datum: ca. 1900 [Public domain], via Wikimedia Commons

國家圖書館出版品預行編目資料

難道他非死不可——現代福爾摩斯解密死亡醫學/ 劉育志, 白映俞著. -- 初版. -- 臺北市：商周出版：家庭傳媒城邦分公司發行, 2015.12
面；　公分. --(生活視野；9)
ISBN 978-986-272-950-2(平裝)

1.死亡 2.死亡生理

397.18　　104027161

難道他非死不可——現代福爾摩斯解密死亡醫學

作　　者／劉育志、白映俞
責任編輯／余筱嵐

版　　權／林心紅
行銷業務／莊晏青、何學文
副總編輯／程鳳儀
總 經 理／彭之琬
事業群總經理／黃淑貞
發 行 人／何飛鵬
法律顧問／台英國際商務法律事務所 羅明通律師
出　　版／商周出版
台北市104民生東路二段141號9樓
電話：(02) 25007008　傳眞：(02)25007759
E-mail：bwp.service@cite.com.tw
Blog：http://bwp25007008.pixnet.net/blog
發　　行／英屬蓋曼群島商家庭傳媒股份有限公司 城邦分公司
台北市中山區民生東路二段141號2樓
書虫客服服務專線：02-25007718；25007719
服務時間：週一至週五上午 09:30-12:00；下午 13:30-17:00
24 小時傳眞專線：02-25001990；25001991
劃撥帳號：19863813；戶名：書虫股份有限公司
讀者服務信箱：service@readingclub.com.tw
城邦讀書花園：www.cite.com.tw
香港發行所／城邦（香港）出版集團有限公司
香港灣仔駱克道193號東超商業中心1樓；E-mail：hkcite@biznetvigator.com
電話：(852) 25086231　傳眞：(852) 25789337
馬新發行所／城邦（馬新）出版集團 Cite (M) Sdn. Bhd.
41, Jalan Radin Anum, Bandar Baru Sri Petaling, 57000 Kuala Lumpur, Malaysia.
Tel: (603) 90578822　Fax: (603) 90576622　Email: cite@cite.com.my

封面設計／朱陳毅
排　　版／極翔企業有限公司
印　　刷／韋懋實業有限公司

■2015年12月29日初版
■2020年9月4日初版2.8刷
定價320元　　Printed in Taiwan

城邦讀書花園
www.cite.com.tw

 ISBN 978-986-272-950-2

廣	告	回	函
北區郵政管理登記證			
北臺字第000791號			
郵資已付，免貼郵票			

104　台北市民生東路二段141號2樓

英屬蓋曼群島商家庭傳媒股份有限公司城邦分公司　收

請沿虛線對摺，謝謝！

書號：BH2009　　書名：難道他非死不可　　編碼：

請於此處用膠水黏貼

商周出版

讀者回函卡

感謝您購買我們出版的書籍！請費心填寫此回函卡，我們將不定期寄上城邦集團最新的出版訊息。

不定期好禮相贈！
立即加入：商周出版 Facebook 粉絲團

姓名：______________________ 性別：☐男 ☐女

生日：西元__________年__________月__________日

地址：______________________

聯絡電話：______________ 傳真：______________

E-mail ：

學歷：☐ 1. 小學 ☐ 2. 國中 ☐ 3. 高中 ☐ 4. 大學 ☐ 5. 研究所以上

職業：☐ 1. 學生 ☐ 2. 軍公教 ☐ 3. 服務 ☐ 4. 金融 ☐ 5. 製造 ☐ 6. 資訊
☐ 7. 傳播 ☐ 8. 自由業 ☐ 9. 農漁牧 ☐ 10. 家管 ☐ 11. 退休
☐ 12. 其他______________

您從何種方式得知本書消息？

☐ 1. 書店 ☐ 2. 網路 ☐ 3. 報紙 ☐ 4. 雜誌 ☐ 5. 廣播 ☐ 6. 電視
☐ 7. 親友推薦 ☐ 8. 其他______________

您通常以何種方式購書？

☐ 1. 書店 ☐ 2. 網路 ☐ 3. 傳真訂購 ☐ 4. 郵局劃撥 ☐ 5. 其他______

您喜歡閱讀那些類別的書籍？

☐ 1. 財經商業 ☐ 2. 自然科學 ☐ 3. 歷史 ☐ 4. 法律 ☐ 5. 文學
☐ 6. 休閒旅遊 ☐ 7. 小說 ☐ 8. 人物傳記 ☐ 9. 生活、勵志 ☐ 10. 其他

對我們的建議：______________________

____

____

請於此處用膠水黏貼